KB149641

자동횡편기를 활용한
전자섬유 제품

저자 소개

임대영 한국생산기술연구원 수석연구원

송지은 서원대학교 패션의류학과 조교수

한소라 한국생산기술연구원 연구원

자동횡편기를 활용한
전자섬유 제품

초판 발행 2023년 6월 26일

지은이 임대영, 송지은, 한소라
펴낸이 류원식
펴낸곳 교문사

편집팀장 김경수 | **디자인** 신나리 | **본문편집** 유선영

주소 10881, 경기도 파주시 문발로 116
대표전화 031-955-6111 | **팩스** 031-955-0955
홈페이지 www.gyomoon.com | **이메일** genie@gyomoon.com
등록번호 1968.10.28. 제406-2006-000035호

ISBN 978-89-363-2404-9(93500)
정가 18,500원

자동횡편기를 활용한
전자섬유 제품

임대영 · 송지은 · 한소라 지음

교문사

FLAT KNITTING TECHNOLOGY
FOR E-TEXTILE PRODUCTS

섬유 패션산업은 ICT(Information & Communications Technology)와 융합 발전하면서 기능성 향상과 활용성의 확장 등을 통해 고부가가치 산업으로 성장하고 있다.

4차 산업혁명 시대가 도래하며 산업의 패러다임이 초연결·스마트로 변화하면서 ICT 융합 전자섬유가 미래산업의 지형을 바꿀 분야로 급부상하고 있다. ICT 융합 전자섬유 개발의 핵심기술은 웨어러블 디바이스(Wearable devices)로 사용하기 적합한 요건을 충족할 수 있는 섬유소재의 선택이라 할 수 있다. 일반적으로 전자섬유는 전자소자를 섬유소재에 부착하는 'On-cloth' 방식과 전도성 실을 사용하여 제직 또는 편직하거나 일반 직물 위에 자수 및 코팅하는 'In-cloth' 방식으로 개발된다. 다양한 방식의 전자섬유 제조 기술 중 편성물 기반의 전자섬유는 3차원 형태의 인체에 적용하기 적합한 특성을 갖춘 재료 중 하나로, 그 활용 분야와 실용성이 큰 제조방법이라 할 수 있다.

본서는 의류학 전공자를 비롯한 일반인들이 ICT 융합 전자섬유의 개념을 이해하고 편성물 기반 전자섬유의 최신 개발 동향을 파악할 수 있도록 구성하였다. 또한 컴퓨터 횡편기를 활용하여 전자섬유를 비교적 쉽게 만들 수 있도록 안내하고자 기획되었다. 제1장에서는 전자섬유의 이해를 돕기 위하여 기본적인 전자섬유의 개념과 종류를 정의하고 제조방법을 설명하였다. 제2장에서는 편성물의 기본 조직과 특성을 설명하였으며, 제3장에서는 횡편기를 비롯한 컴퓨터 횡편기의 생산기법과 장비의 현황을 알아보고 이를 활용한 최신 전자섬유 개발사례들을 소개하였다. 이를 바탕으로 제4~5장에서는 컴퓨터 횡편기와 전용 프로그램을 활용한 편성물 제작방법을 세부적으로 설명하였으며 다양한 편직 기술에 의한 전자섬유 제품 제작 실습방법과 특성 분석 방법을 서술하였다. 마지막 제6장에서는 3D CLO 가상착의 프로그램에 의한 전도성 니트의 3D 디지털화에 관해 서술하였다. 본서가 변화하는 섬유패션 산업의 흐름을 파악하고 편성물 제조기술에 의한 전자섬유 개발 이해에 도움을 주는 좋은 지침서가 되기를 희망한다. 끝으로 이 책이 출간될 수 있도록 도움을 준 스톨코리아의 최주연 이사님, 한국생산기술연구원 소재부품융합연구그룹, 교문사 편집진의 노고에 깊은 감사의 마음을 전한다.

2023년 5월
저자 일동

차례

01

전자섬유와
웨어러블 디바이스

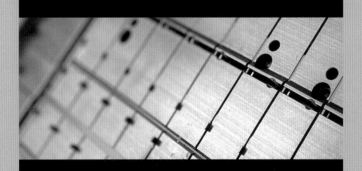

1.1 전자섬유의 개념

섬유는 유연하고 신축성이 있어 편안하기 때문에 옷은 물론 침대, 벽, 실내 장식, 그리고 바닥재 등에 사용되며 사람이 하루 종일 접촉하는 표면의 70% 이상이 섬유 혹은 섬유소재를 이용한 기타 제품군으로 이루어져 있다. 따라서 이러한 섬유 제품 안으로 각종 전자 디바이스와 센서 등을 통합하려는 시도는 1950년대부터 지금까지 지속적으로 이뤄지고 있다. 발열, 발광섬유를 비롯한 환경과 신체신호, 운동량 등을 측정하는 단계에서 나아가 정보처리가 가능하고 데이터를 전송하는 단계로 섬유는 빠른 속도로 진화하고 있다. 이처럼 섬유 자체의 고유 특성을 유지하면서 전기적인 특성을 갖는 섬유를 우리말로는 '전자섬유(electronic textile, e-textile)'라 하며, 이 기술은 웨어러블 컴퓨터(wearable computer) 기술의 기반이자 각종 전자 디바이스를 대체하거나 IT 기기 간의 인터페이스 역할을 하고 있다. 스마트 의류의 급격한 성장과 발전에 따라 전자섬유 또한 일렉트로닉 텍스타일(electronic textile), 인텔리전트 텍스타일(intelligent textile), 디지털 텍스타일(digital textile), 스마트 텍스타일(smart textile), 전도성 섬유, 스마트 섬유, 웨어러블 디바이스(wearable device), 스마트 텍스트로닉스(smart textronics) 등 전자섬유를 일컫는 다양한 용어들이 혼재되어 사용되고 있다.

전자섬유의 시초는 1950년대로 거슬러 올라간다. 가전업계가 대규모로 인쇄회로기판(PCB)을 사용하기 시작하며 많은 섬유업계가 이를 섬유에 적용하기 시작했다. 2000년대부터 독립적으로 존재하는 기술들을 결합하여 새로운 형태의 기술을 창조하는 융합기술(fusion technology)이 주목받기 시작하며 섬유 산업에서도 기존의 방적, 방직 산업을 전자 산업이나 광 산업과 연계하여 새로운 기술 분야를 창출하려는 시도가 시작되었다. 이후부터는 전 세계적으로 섬유-정보통신기술(Information and Communications Technologies, ICT)의 융합 기술 개발이 이뤄지며 지능형 스마트 섬유소재, 스마트 의류, IT 융합 공정기술 등을 통하여 언제 어디서나 다양한 서비스를 제공하는 새로운 패러다임을 형성하고 산업적 인프라를 구축함으로써 새로운 국가 경쟁력을 키워가는 핵심기술로 부각되고 있다. 이러한 기술은 디지털 지능형 섬유소재 및 지능형 의류제조 기술, 지능형 생산기술, 지능형 서비스 기술을 통한 인간 중심의 편리성과 유용성을 극대화한 형태로 발전하게 될 것으로 전망하고 있다. ICT 융합 전자섬유는 과거 체온 유지 및 개성 표현의 의류·패션소재에서 벗어나 정보 수집 및 공유, 커뮤니케이션 등의 기능 활용이 가능한 형태로 진화하였다. ICT 융합 섬유 제품을 주요 기능적 측면에서 살펴보면 전기 및 정보의 이동매체 기능, 정보 입력 기능, 인터페이스, 열에너지 생산 및 축적 기능, 센서와 모니터링 기능(맥박, 호흡, 혈압, 체온, 위치변화, 생물학적, 화학적 요소의 감지, 빛, pH, 압력, 온도, 시간 등)이 있다. 이를 산업적 측면에서 살펴보면 지능형 섬유 생산 시스템의 도입을 통해 효율 및 생산성이 극대화된 제조 시스템을 제공함으로써 산업 고도화 및 새로운 시장을 창출하는 효과가 발현될 것으로 기대된다. 이러한 지능형 섬유제품 기술과 함께 정보 공유 및 서비스 활용기술도 발전하고 있어 진정한 유비쿼터스(ubiquitous)형 라이프스타일을 제공하게 될 것으로 전망하고 있다.

섬유 제품은 유연하고, 편안하면서 소비자 지향의 특징을 가지며 신축성이 있고 넓은 표면에 적용할 수 있는 장점이 있다. 따라서 이러한 섬유기반의 구조체에 능동형 전자 섬유 소재 및 소자 시스템 기술을 접목하면 보다 효율적이고 친환경적, 친인간적인 전자섬유(e-textile)를 선보일 수 있을 뿐 아니라 유연한 전자소재·디스플레이(flexible electronics·displays) 분야에서 야기되는 휨 등의 기계적인 특성 향상에 전자섬유의 활용은 획기적인 기술적 전환점이 되고 있다.

섬유가 의류 용도로만 사용되고 개발되던 시대는 이미 지나갔다. 섬유가 산업용으

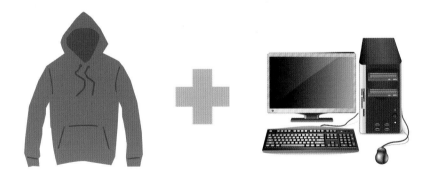

그림 1-1 스마트 의류의 개념

로도 매우 중요한 소재로 인식되면서 새로운 형태의 섬유는 지속적으로 개발되고 있다. 흔히, 좁은 의미의 전자섬유는 웨어러블 컴퓨터를 구현하기 위하여 개발된 섬유를 의미하나, 넓은 의미로는 삶의 질을 높이는 데 직접적으로 기여하며, 미래 지향적 기술 기반을 갖추고 기능성 섬유를 포괄하는 넓은 개념이다. 이에 따라 미국과 유럽에서는 스마트 의류(smart clothing), 디지털 가먼트(digital garment), 디지털 의류(digital clothing)라는 다양한 용어로 웨어러블 디바이스를 표현하고 있다.

ICT 융합 전자섬유는 기존 섬유기술에 전자 및 정보통신 기술을 융합하여 산업용 소재, 웨어러블 섬유, 스마트 섬유 및 유비쿼터스 섬유제품을 창출하는 신 산업 분야로 많은 잠재력을 가지고 있다. 전기 신호를 전달할 수 있는 전도성이 매우 뛰어난 섬유 소재들이 개발되고, 이러한 섬유로 트랜지스터와 전자회로까지 구성할 수 있게 되었기 때문에 진정한 의미의 웨어러블 컴퓨터(wearable computer)의 꿈이 현실로 이뤄지고 있다. 산업 안전보건에 대한 스마트 섬유의 잠재적 응용분야도 다양하다. 스마트 섬유는 전기, 자기, 열, 광학, 음향, 기계 및 화학 물질을 포함하여 광범위한 자극을 감지하고, 반응하고, 적용할 수 있는 재료이다. 통합 추적 시스템(integrated tracking systems), 작업자의 생리적 상태 모니터링, 통합 가열 및 냉각 시스템, 통신 장치 및 에너지 하베스팅과 같은 분야에서 매우 유망한 잠재적 용도를 가지고 있다.

ICT 융합 섬유기술을 분야별로 구분해보면 IT 부품들, 모듈(module) 간 또는 시스템의 전원공급을 위한 금속 섬유를 함유한 전도성 섬유를 제조하는 기술과 기존의 전자부품을 소형화하고 부품 간 연결을 직물(textile) 형태의 격자구조처럼 만들어주는 직물 부품화 기술, 직물소자, 전자부품, 전자 기기들 간 연결을 위한 다양한 연결기술, 전자기기에서 사용되는 PCB(Printed Circuit Board, 인쇄회로기판)와 같은 형태의 전자회로기판의 패턴을 직물에 구현하는 직물기반 회로(textile circuit)기술, 다양한 적용을 위한 근거리 무선 통신기술, 저전력 시스템, 직물기반 전지(textile based flexible battery), 에너지 하베스팅(energy harvesting) 기술 등을 포함한 통신 및 시스템기술과 섬유-ICT 융합기술을 이용한 다양한 응용서비스를 위한 응용 콘텐츠 기술 등으로 나뉠 수 있다. 이를 제조하는 생산기술은 섬유기반 방사(spinning), 제직(weaving), 편직(knitting), 자수(embroidering), 프린팅(printing), 코팅(coating) 및 나아가 임베디드

시스템(embedded system) 구성 등의 다양한 기술이 적용된 제품으로 개발되고 있다. 초기의 스마트 의류는 센서 같은 딱딱한 전자소자를 의류 외관에 붙이거나 전자섬유로 전자소자를 연결하는 의류부착식(on-cloth)으로 개발되었다. 이는 착용성이 떨어지고 옷을 구기거나 세탁할 때 고장의 문제가 있고 성능이 떨어진다는 치명적인 단점이 있다. 그러나 점차 제직 또는 편직기술로 전자부품을 섬유 속에 삽입하거나 직물표면에 전도성 물질을 프린팅하는 등 궁극적으로 직물 그 자체가 되도록 하는 의류내장식(in-cloth)으로 발전해 왔다. 이는 유연한 섬유 디스플레이를 구현하며 진정한 웨어러블 스마트 의류를 구현하는 데 핵심기술이 되었다. 최근의 스마트 의류 분야는 기존 스마트 의류가 출시될 때 빈번히 대두되었던 문제점인 세탁성과 착용성의 수준을 개선하기 위한 연구들이 활발히 진행되고 있다. 2021년 중국 푸단(復旦)대학 고분자공학과 펑후이성 교수가 이끄는 연구팀은 씨실과 날실이 교차하는 직물 구조를 응용한 '스마트 섬유' 디스플레이 개발 결과를 〈네이처(Nature)〉에 발표하였다. 인간이 착용할 수 있는 웨어러블 전자장치는 최근 몇 년간 급속히 발전해 왔으며, 초박막 디스플레이를 포함한 전자장치를 옷에 결합하는 기술은 이미 개발된 상태다. 그러나 대부분이 빛을 발산하는 고체형 얇은 장치를 직물에 부착하거나 직물과 같이 짜는 방식이어서 통기성이나 유연성, 내구성 등에서 한계가 있을 수밖에 없었다. 디스플레이가 깨지거나 손상되기 쉽고, 기능도 사전에 정해진 패턴만 보여주는 데 그쳤다. 펑 교수팀은 이런 한계를 극복하기 위해 다양한 소재로 연구해 왔으며, 직물의 씨실(가로)과 날실(세로)의 교차 구조를 분석한 끝에 두 실의 교차점에 극히 미세한 '전기발광점'(electroluminescent unit)을 형성하는 방식으로 돌파구를 마련했다(그림 1-2). 연구팀은 이 디스플레이를 인터랙티브 지도를 보여줄 수 있는 내비게이션 장치로 활용하거나, 스마트폰의 블루투스 장치와 연결해 문자메시지를 주고받을 수 있는 통신 장치로 이용하는 시연에도 성공했다.

그랜드 뷰 리서치(Grand view Research)의 보고서(Smart Fabrics Market Analysis & Segment Forecast to 2025)에 따르면 전자섬유 시장은 2018년 8.8억 달러 규모로 파악되며 2019~2025년까지 연평균 30.4% 성장하여 2021년 25억 달러에서 2025년에는 55.5억 달러의 시장규모를 형성할 것으로 전망하고 있다. 전자섬유 관련 시장은

그림 1-2 중국 푸단(復旦)대학 연구팀이 개발한 직물구조의 디스플레이

(출처: https://www.dongascience.com/news.php?idx=44668)

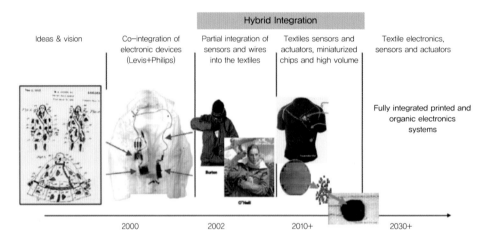

그림 1-3 스마트 의류의 발전 방향

(출처: 박성규 외(2013). 전자섬유 소재 및 기술 개발 동향. 고분자과학과 기술, 24(1))

크게 의류·패션, 홈인테리어, 군사·방위, 메디컬, 헬스케어, 스포츠·피트니스로 나눌 수 있고, 이 중 스포츠·피트니스 분야는 향후 5년간 30.8%의 연평균 성장률(CAGR)을 보일 것으로 예측되며 건강에 민감한 소비자의 관심이 더욱 증대됨에 따라 꾸준하게 성장할 것으로 전망되고 있다(그림 1-3). 현재 세계시장 점유율은 북아메리카 37.6%, 유럽 22.5%, 아시아-태평양 20.9% 순으로 선진국을 중심으로 시장이 형성되어 있으나 아시아-태평양의 시장 성장세가 꾸준히 증가하고 있다(그림 1-4).

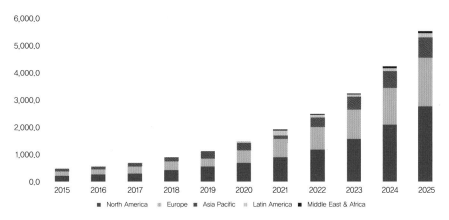

그림 **1-4** 2015~2025년 전자섬유 시장 동향(Grand view Research)

(출처: www.grandviewresearch.com)

국내의 경우 2017년 792억 원 규모에서 연평균 26.17% 성장하여 2022년에는 2,531억 원의 시장규모를 형성하였으며, 아웃도어 시장의 확대와 함께 스포츠·피트니스용 시장을 중심으로 수요가 확대되는 추세로 스마트워치, 스마트폰과 연계된 상품의 수요가 급격히 증가함에 따라 향후에도 높은 성장률이 지속될 것으로 전망된다. 특히, 인구 고령화와 건강에 대한 인식 증대는 입는 것만으로 건강상태를 측정할 수 있는 의료·헬스케어용 전자섬유의 수요를 촉진할 것으로 전망된다. 현재는 스포츠·피트니스, 의류·패션 분야에서 먼저 수요시장이 형성되고 있으나, 향후에는 의료·헬스케어 분야가 가장 큰 시장을 차지할 것으로 전망된다.

1.2   전자섬유의 종류 및 제조방법

전자섬유의 정의는 명확하지는 않지만, 일반적으로 금속 반도체, 카본블랙 및 금속 산화물 등의 도체 재료를 사용하여 전기저항이 비교적 낮게 만든 섬유를 일컫는다.

예를 들면, 단섬유 1 cm당 저항이 10^{12} Ω/cm 정도 이하 또는 전기 비저항(체적 고유 저항)이 10^7 Ω/cm 정도 이하, 또는 직경이 100 μm 이하에서 전기저항이 10^9 Ω/cm 이하로 있는 것을 말하기도 한다. 전자섬유의 일반적인 직경은 8~50 μm이고, 그중 금속섬유의 전기 비저항은 10^{-5} Ω/cm 수준이다. 또한 유기 전자섬유의 대부분은 전기 비저항이 10^3~10^5 Ω/cm 수준이고 겉보기 전기저항은 10^6~10^9 Ω/cm이다. 따라서 일반적인 합성섬유의 전기 비저항 10^{14} Ω/cm 수준에 비해서 큰 전도성을 보이고 있다.

전자섬유는 크게 두 가지 종류로 나눌 수 있다. 첫째는 새로운 형태의 기능성을 첨가하여 만든 섬유이고, 둘째는 정보통신기술과 결합하여 새로운 정보 처리 능력을 갖춘 섬유이다. 전자섬유는 편의성, 내구성, 안정성, 내열성 등이 강화되어야 한다. 융합형 의류 제품을 생산하기 위한 소재개발 기술도 필요하다. 현재까지 전자섬유 기술 개발은 섬유에 전자재료를 접목시켜 안정성을 확보하는 기술과 스마트 섬유 회로 설계 기술, 스마트 섬유와 IT 기기 간의 커넥팅(connecting) 기술 등에 집중되고 있다. 직물 기반 전자부품으로는 전도성 섬유를 이용한 전자회로 접점과 안테나 등의 직물 회로와 pH센서, 비접촉 정전용량센서, 압력센서, 온도센서, 습도센서 등의 다양한 센서 시제품, 그리고 전자섬유는 전기적 기능을 섬유제품에 내장하므로 가혹한 환경에서의 내구성이 필수적이며, 특히 섬유제품 사용 시 발생할 수 있는 굽힘, 접힘, 오염 등 물리적·화학적 반응에 견딜 수 있어야 하며 세탁 또한 가능해야 한다. 아울러 내구성뿐만 아니라 인체와 매우 근접하여 사용하므로 섬유 고유의 유연함과 편안함을 방해해서는 안 된다. 이렇듯 섬유 자체의 고유특성을 유지하면서 전기적인 특성을 갖도록 하는 것이 중요하다. 전자섬유 기술은 크게 전기전도성 소재(섬유, 원단, 원사)를 만들기 위한 기술, 전자장치를 직물에 내장 또는 연결(bonding)하는 기술, 직물 자체를 전자장치나 시스템으로 만드는 기술, 웨어러블 디바이스에 적합한 센서 및 배터리 등의 전자부품을 만드는 기술 등으로 나눌 수 있다.

전자섬유는 이러한 전기적 특성을 섬유소재에 통합시킴으로써 전력을 제공하거나 입력 및 출력 신호를 전달하는 기능을 수행한다. 전자섬유의 개발 초기에는 주로 전기전도도가 높은 금속 소재를 사용하여 섬유를 만들었다. 그러나 이는 일반 섬유로 만든 실보다 무겁고 단단하며 가공성이 떨어진다는 문제가 있어 활용에 제약이 있었다. 이후 이러한 문제를 개선하여 일반 섬유에 금속을 증착시키거나 전도성 고분자를 결합하는 등의 방식이 개발되었다. 실 형태의 전자섬유뿐만 아니라 실을 활용하여 만든 직물 또한 전자섬유의 일종이다. 전자직물은 보통 전도성 실을 사용하여 제직·편직하거나 일반 직물 위에 자수 및 코팅 등으로 전도성 소재를 결합시킴으로써 만들 수 있다.

전도사(Conductive yarn)

전도성 원사는 ICT 융합 전도성 섬유 제품에서 전력을 제공하거나 전기적 입·출력 신호를 전달하는 기능을 수행하는 핵심 소재이다. 전자기기에서 전선 혹은 회로가 하는 역할을 섬유에서는 더욱 유연하고 착용감이 우수한 전도사가 대체할 수 있다. 전자기기에서 전선(electric wire) 혹은 회로(circuit)가 하는 역할을 ICT 융합 섬유 제품에서는 보다 유연하고 착용성이 우수한 전도성 원사로 대체할 수 있는 것이다. ICT 융합 섬유 제품에 사용되는 대부분의 전도성 원사는 주로 세 가지 방법에 의해 제조된다(그림 1-6).

　첫 번째 방법은 금속 와이어를 사용하는 방법이다. 즉, 일반 원사에 직접 금속을 혼합하는 것이다. 금속으로 섬유와 같이 가느다란 필라멘트를 만들게 되면 기존의 실과 동일한 형태로 전도사를 만들 수 있다. 금속 와이어를 이용하여 만든 전도성 섬유의

그림 **1-5** 은코팅 전도사(좌), 탄소섬유(우)

(출처: 좌-한국생산기술원, 우-https://www.sglcarbon.com/en/markets-solutions/material/sigrafil-continuous-carbon-fiber-tows/)

경우 대표적으로는 스테인리스 스틸(stainless steel) 방적사, 금속 필라멘트 합연사 등이 있다. 스테인리스 스틸 방적사는 전도성이 우수할 뿐 아니라 강도와 기계력에 대한 내구성이 커서 봉제용으로도 적합하다. 그러나 보통 금속 와이어로 만든 전도성 섬유는 신축성 저하와 봉제 시 끊어짐 등의 문제가 발생할 수 있는 것으로 알려져 있다. 또한 얇은 금속 필라멘트와 일반 원사를 합연사 가공할 경우에는 사용된 금속의 종류와 노출 여부에 따라 제품의 물성이 달라지며 산화로 인한 내구성 저하 등의 문제가 발생할 수 있다.

두 번째 방법은, 일반 고분자 섬유에 전도성 물질을 함유시키거나 코팅하는 방법이다. 이는 용융 방사 시 전도성 입자를 첨가하거나 원사 겉면에 전도성 물질을 도금 혹은 코팅하는 것이 대표적이다. 금속과 고분자를 결합시킨 전도사는 금속 필라멘트사의 낮은 신장성을 개선할 수 있다. 중심에 금속을 두고 주변을 고분자 실로 커버링하거나, 반대로 중심을 고분자 실로 하고 금속으로 커버링할 수 있다. 그러나 금속을 심사로 하는 경우 해당 실로 만든 직물이나 편성물은 일반적인 섬유보다 딱딱하고 신축성이 떨어진다. 반면 고분자를 심사로 하는 구조는 고분자의 신장성이 반영되어 신축성은 좋지만 외부에 노출된 금속이 산화되거나 기계적인 마모가 일어날 수 있어 주의를 기울여야 한다. 이러한 금속 증착 전도사는 간단한 처리를 통하여 제조할 수 있는데, 사용되는 금속은 구리, 니켈, 알루미늄, 금, 은 등이며 이러한 금속을 나일론,

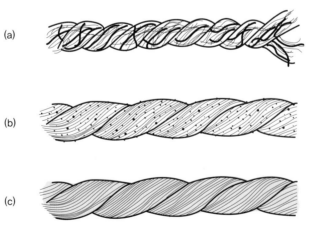

그림 **1-6** 여러 가지 전도사 제조방법. (a) 금속 필라멘트 합연사, (b) 금속 코팅사, (c) 전도성 고분자 방사 섬유

(출처: https://www.kobakant.at/DIY/?p=8012)

폴리에스터, 면, 견, 아라미드, 폴리프로필렌과 같은 전통적인 섬유 표면에 증착시킴으로써 다양한 섬유소재에 전도성을 구현한다. 특히 나일론사를 기반으로 하는 은코팅 기술은 다른 금속에 비해 화학적인 산화가 덜 일어나며 전도성이 우수한 은을 사용함으로써 안정성 및 전도성의 신뢰성이 확보됨에 따라 상용화 및 시장 확대가 매우 활발하게 이루어지며 다양한 ICT 융합 섬유 제품에 활용되고 있다.

세 번째 방법은, 전도성을 가진 고분자 섬유를 활용하는 방법이다. 근래에는 전도성 고분자(inherently conductive polymer)의 활용에 대한 관심이 증가하고 있다. 대표적으로 폴리피롤(polypyrrole), 폴리아닐린(polyaniline)이 있으며, 이들 고분자를 용융방사하거나 혹은 일반 원사에 코팅함으로써 전도성 섬유를 생산할 수 있다. 금속을 활용한 전도성 섬유에 비해 크랙(cracking)이나 부러짐(breaking) 등에 대한 염려가 적어 안정적으로 전도성이 구현되며 가공성과 비용 측면에서도 우수하기 때문에 섬유형 센서로 활용되기 가장 용이하다. 따라서 이러한 장점을 활용하여 배터리나 슈퍼커패시터(capacitor) 등의 재료로 적용함으로써 전자섬유가 가지는 경량성과 작은 부피 등의 추가적인 효과도 획득할 수 있다.

전도성 직물(Conductive fabric)

전도성 직물은 전도사나 전도성 물질을 활용하여 2차원의 직물 소재 형태로 만들어진 것을 의미하며, 직물이나 편성물, 부직포, 레이스, 브레이드 등의 형태가 포함된다. 이러한 전도성 직물은 넓은 범위에서 전기적 신호의 센싱(sensing), 에너지 하베스팅(energy harvesting), 커넥팅(connecting) 등의 기능을 구현한다. 스마트 의류는 옷에 전자장치를 장착(on-cloth)하는 형태에서 점차 전자장치의 기능이 의류에 내장(in-cloth)된 형태로 발전하고 있다. 전자장치 기능이 의류에 내장된 형태의 스마트 의류를 개발하기 위해서는 직물의 특성과 전기적 성질을 동시에 갖는 전기전도성 소재의 개발이 필요하다. 전기전도성 소재는 섬유, 실, 직물 등의 텍스타일 단계에서 센서, 신호전달선, 회로 등을 구현한 것으로 의류 고유의 속성인 유연성, 심미성 등을 유지하면서 각종 신호의 감지와 구동 기능을 수행할 수 있어야 한다. 의류 내에서 각종 전자소자를 구동하기 위해서는 안정적인 전기적 성능과 더불어 내구성과 착용감이 고려된 전기전도성 소재의 개발이 필요하다. 또한 의류 내에서 전자구동 시스템을 구현하기 위해서는 전기전도성 소재의 개발과 더불어 의류와 전자소자를 효율적으로 연결할 수 있는 인터커넥션(interconnection) 기술이 필요하다.

• 직물·편성물

전도성 섬유를 제직·편직함으로써 판상(2D)의 전도성 섬유 소자를 제작할 수 있다. 제직 공정은 가장 오래된 원단 제조 기술로 빠르고 경제적이며 조직의 변형을 통해 다양한 구조의 직물형 전도성 섬유를 만들 수 있다. 제직 설계나 편성 원리의 다변화를 통하여 직물 내의 구조를 다양하게 변경시킬 수 있음에 따라 다양한 전도성 직물을 제조할 수 있다. 특히 경사와 위사가 반복적으로 교차되면서 제직되는 직물과 달리, 한 가닥의 실로 루프(loop)를 형성하면서 제조되는 편성물은 다양한 전도사의 적용이 용이하고 맞춤형 소량생산이 가능하며, 편성기계의 특성에 따라 형태의 변형이 용이하다. 편물형 전도성 섬유는 편직 공정에서 요구되는 전도성 섬유의 물성이 제직시보다 까다로워서 더 늦게 개발되었으나 편물의 우수한 신축성과 착용성으로 인하여 현재에는 편물형 전도성 섬유가 활발히 개발되고 있다. 자카드 편직기로 회로 디자인에 따라 원하는 위치에 전도성 섬유가 삽입된 편직물도 제작할 수 있고 홀가먼트(whole garment) 방식으로 완제품을 즉시 생산할 수 있어 가장 주목받고 있는 전도성 직물 제조방법이다. 또한 직물 혹은 편물형 전도성 소자가 ICT 융합 섬유제품에 활용되기 위해서는 온도 등의 환경 변화에 저항성을 가져야 하며, 마찰 등에 대한 내구성과 제품 용도에 적합한 전기적·물성적 기능 발현이 확인되어야 한다. 또한 반복되는 굽힘과 신장에도 일정한 성능을 유지할 수 있도록 형태 회복과 성능 발현에 대해서 낮은 히스테리시스(hysteresis)가 요구된다.

• 자수

자수기법은 직물이나 편성물 등 기존의 섬유제품 위에 다른 실을 사용하여 정해진 형태를 표현하는 기술이다. 따라서 전도사를 활용한 자수 기법은 회로제작의 자유성, 정확성, 그리고 개별성 측면에서 볼 때 스마트 의류 시스템에 사용되는 텍스타일 전자회로를 제작하기 적합하다. 최근에는 자수기계의 발전에 따라 여러 개의 헤드를 써서 동시에 많은 제품을 만들 수 있으므로 높은 생산성을 지닌다. 여러 가지 자수 기법 중 특히 체인 스티치(stitch)가 섬유 기반의 전자 직물을 구현하는 데 가장 적합한 패턴으로 알려져 있다. 직물이나 편성물과 같은 섬유의 구조는 우수한 인장 및 전단 특성, 드레이프성, 통기성을 가지기 때문에 전자섬유를 활용한 웨어러블 시스템 구성을 위해서 매우 훌륭한 플랫폼이라 할 수 있다. 다만, 전자섬유를 제조함에 있어 가장 중요한 것은 기능은 물론 심미적인 특성까지도 고려해야 한다는 것이다. 또한 전자섬유는 다른 전자기기와의 연결이 용이해야 하며, 적용 부위에 따라 절연이 되거나 내구성이 필요한 등 많은 요구 조건을 가지고 있다. 또한 섬유제품으로 적용되면 관리적인 측면에서 기계세탁이나 건조과정이 수반되는데, 이러한 과정에서도 전자섬유의 물성을 유지해야 한다는 요구조건을 지닌다. 따라서 전도성과 같은 기능성은 물론이고 심미성과 관리성을 고려한 장기적인 연구, 개발이 필요하다.

• 전도성 코팅

일반 섬유에 전기적인 성질을 갖는 전도성 물질, 예를 들어 전도성 잉크나 금속, 전도성 고분자와 같은 물질들을 코팅(coating) 또는 인쇄(printing)함으로써 일반섬유를 전도성 있는 물질로 구현할 수 있다. 즉, 이미 만들어진 직물 위에 전도성 물질을 코팅 혹은 프린팅함으로써 전도성 직물을 제조한다. 전도성 코팅 방법에서 전도성을 향상시키는 방법은 코팅 두께 조절을 통해서 가능하다. 현재 전도성 코팅은 주로 산업적인 분야와 실내 내장재 텍스타일 분야에 많이 사용되고 있다. 전도성 잉크를 이용하여 직물기반의 회로보드를 구현하기 위해서는 기존 프린팅 잉크에 탄소, 구리, 금, 은, 니켈과 같은 금속을 섞어 만든다. 주로 섬유, 종이, 플라스틱과 같은 소재에 전기적으로 활성을 띠게 될 전도성 잉크를 사용함으로써 전자회로를 프린트한다. 주로 전기제품, 기기장비, 통신, 자동차, 정부·방위산업 등에 다양하게 사용되고 있다. 이러한 방식은 전도성 물질이 가지는 특성을 그대로 활용하여 색상이나 이미지 표현, 발열성능의 구현, 회로 설계 등에 응용할 수 있지만, 드레이프성이나 통기성과 같은 직물이 가지는 고유의 특성을 크게 감소시키며, 전도성 물질과 직물 사이의 견고한 결합이

그림 1-7 전도성 직물의 제조방법

(출처: (a)–https://textilefocus.com/conductive-textiles-market-set-rapid-growth-coming-years/, (b)–https://passive-components.eu/conductive-hybrid-threads-and-their-applications/, (c)–https://fashnerd.com/2017/06/fashion-technology-wearables/, (d)–https://www.textiletoday.com.bd/military-health-care-spending-propel-conductive-textile-market-growth/)

중요함에 따라 한정적으로 적용된다. 최근에는 전도성 용액과 후가공기술의 발전으로, 신축성과 유연성을 갖는 다양한 원단에 전도성 물질을 코팅한 제품이 출시되고 있다. 다만, 은나노와이어, 탄소나노튜브 등의 전도성 첨가제를 코팅액에 포함하여 전도성을 부여할 경우 전도성 저하, 물성 저하 등의 단점이 발생하기 때문에, 근래에는 여러 가지 물성을 지닌 전도성 물질을 혼합하여 각 물질의 장점을 동시에 구현할 수 있는 복합 전도성 용액을 코팅 수지로 사용하는 연구가 활발히 이루어지고 있다. 또한 디지털 스크린 인쇄 기기를 이용하여 전도성 페이스트(paste)를 섬유 위에 직접 인쇄하는 방법이 있는데, 이 방법은 전도성 섬유의 구현이 비교적 간편하고 빠르다는 장점이 있다.

(a) 자카드 기법을 활용한 구글 자카드

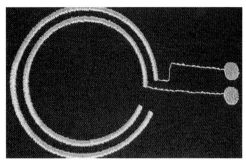

(b) 자수기법에 의한 전자 회로

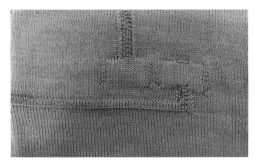

(c) 편성물 구조의 전자 회로

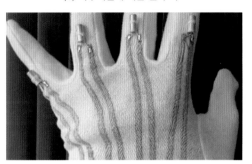

(d) 편성물 구조의 전자 회로

그림 **1-8** 여러 가지 형태의 전도성 직물

(출처: (a)-https://www.dezeen.com/2015/06/03/google-smartphone-interfaces-conductive-threads-clothes-textiles-project-jacquard/, (b)-https://www.pinterest.co.kr/pin/792774340638395212/, (c)-한국생산기술연구원, (d)-https://www.eurekamagazine.co.uk/content/technology/this-wearable-tech-utilises-a-very-different-approach-to-other-conductive-textiles/)

전도성 직물의 특징

의류 및 패션소재의 기능은 IT(Information Technology) 융합 섬유의 발전으로 정보의 이동매체 기능, 정보 입력기능, 열에너지 생산 및 축적기능, 센서와 모니터링 등의 기능 활용이 가능한 형태로 진화하고 있다. 스마트 의류소재의 중추적 역할을 수행하는 전도성 소재는 '전기가 흐르는 섬유 소재'로 전통적인 섬유제품에 전기, 전자 등의 첨단기술을 적용하여 새로운 부가가치를 제공하도록 개발된 신개념 섬유이다. 전기전도성 직물의 경우 일반 의류소재와 같이 신축성, 드레이프성을 갖추어 유연성이 뛰어나고 얇고 평활한 형태를 가져 취급하기 용이하다는 장점이 있다. 사람들은 일상적인 생활을 하면서 언제나 섬유 형태의 제품과 접촉한다. 옷은 물론 양말, 신발, 카펫, 침대시트 심지어는 자동차의 카시트에 이르기까지 거의 모든 시간을 섬유와 함께한다. 섬유는 사람과 관련된 모든 것들을 수용할 수 있다. 밟히거나 접촉하거나 눌리거나 늘려지거나 하는 힘에 의해 변형이 일어나면서 이를 전기적 신호로 측정하고 사람의 생활 패턴을 감지한다. 그리고 수납, 연결, 접착 등이 가능하기 때문에 다양한 기능을 가질 수 있다. 이용 가능한 기능으로는 음향, 영상, 환경, 통신 등이 있으며, MP3, LCD, LED, 발열체, 휴대폰 등을 옷이나 신발 등에 적용하는 제품이 시장에 등장하였다. 텍스타일 센서(textile sensors)는 기존 전자 센서(electronic sensors)보다 아래와 같은 많은 장점이 있다.

- 우수한 유연성으로 편안하게 착용 가능
- 착용성을 방해하는 전선 없음
- 변형이 복잡한 3차원 형태의 인체에 적응하여 변형을 반영하기 유리함
- 감지할 수 있는 넓은 표면적
- 다양한 조직과 형태로 제작하기 용이함
- 저렴한 제조 원가

섬유 및 전자부품의 결합기술

스마트 의류 내에서 전자구동 시스템을 구현하기 위해서는 전기전도성 소재의 개발과 더불어 의류와 전자소자를 효율적으로 연결할 수 있는 인터커넥션(interconnection) 기술, 즉 결합기술 또한 중요하다. 결합기술은 스마트 의류시스템의 착용성과 양산할 경우 생산성에 많은 영향을 주기 때문이다. 기존 많은 스마트 의류시스템이 상용화가 어려웠던 주요 요인 중에 하나가 섬유와 전자소자 간의 상호 결합기술이다. 기존에 주로 사용된 인터커넥션 방법에는 솔더링(soldering), 웰딩(welding), 와이어본딩(wire-bonding), 플랫케이블(flat cable), 몰딩(molding)이 있다. 이 중 솔더링은 납을 이용하여 전자소자를 접합시키는 방법으로 피부에 접촉되는 경우 인체에 유해하여 사용을 삼가고 있다. 웰딩이나 와이어본딩은 금속 와이어를 열, 초음파 등으로 고정하는 것이며, 플랫케이블은 전자 소자밴드를 제작하여 커넥터를 부착시키는 방법이다. 몰딩은 각종 전자소자를 패키징하여 옷에 연결하는 방법으로 의복의 착용감과 쾌적성을 저해시키지 않는 크기와 형태로 제작하여야 한다. 그러나 이러한

기술들은 전자제품 또는 반도체 공정 등에 사용하던 방법으로 의류에 적용 시 심미성, 착용성 등이 저하되는 단점을 가지고 있다. 반면 프린팅(printing), 본딩(bonding), 엠브로이더링(embroidering), 스냅(snap) 등은 의류 제작에 흔히 사용되었던 기술들로 전자소자의 연결뿐만 아니라 심미성 부여나 의류 기능성 향상에도 유리한 장점을 갖고 있다. 웨어러블 소자에 대한 관심과 함께 전자섬유 관련 연구가 국내외에서 활발히 진행 중이다. 전자섬유의 연구는 궁극적으로는 섬유 자체를 능동 소자로 구현하는 것을 목표로 하고 있으나 현실적으로는 소형화 및 유연화된 전자소자를 섬유에 부착하는 방식이 대부분이다. 따라서 전자소자를 섬유에 안정적으로 부착하여 전기적 및 기계적 신뢰성을 확보할 수 있는 접합기술의 개발이 매우 중요하다.

• 솔더링(soldering)

솔더링, 즉 납땜은 낮은 융점을 가지는 금속을 사용하여 섬유상의 전도성 물질과 전자 소자를 직접 연결하는 방식이다(그림 1-9). 납땜기술은 전자부품과 섬유를 연결하기에는 적합하지 않지만 친숙하고 안정적인 기술로 자동차 인테리어용 내장재나 산업용 섬유제품 등 유연성이 필요하지 않거나 경제적인 이유로 종종 사용되고 있다.

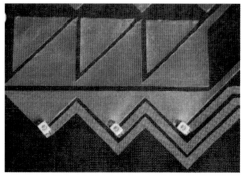

그림 1-9 솔더링 기법의 전자부품과 섬유 연결

(출처: 좌-https://onlinelibrary.wiley.com/doi/abs/10.1002/admt.201700277,
우-https://onlinelibrary.wiley.com/doi/epdf/10.1002/eng2.12491)

• 크림핑(crimping)

크림핑은 전기전도성이 좋은 금속의 소성 변형을 이용하여 금속을 실 주위에 튜브 형태로 둘러싸서 감아 주는 방식이다. 그림 1-10과 같이 CFP(Crimp Flat Package)로

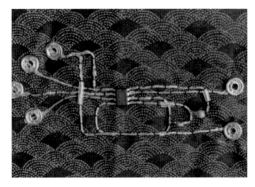

그림 1-10 크림핑 기법의 전자부품과 섬유 연결

(출처: https://onlinelibrary.wiley.com/doi/epdf/10.1002/eng2.12491)

칩을 특수 제작하여 섬유에 크림프를 이용해 연결하는 방식이 연구되고 있다. 크림핑은 신뢰성이 좋고, 비용이 저렴하다는 장점을 가지고 있다. 하지만 크림핑 본딩 부위에 굽힘 피로가 발생하여 전도성 직물이 금방 뜯기거나 찢어지기 쉬워 굽힘 각도의 범위가 상대적으로 작다는 단점이 있다. 스냅(snap)은 크림핑의 일종으로 의류 부자재인 스냅을 커넥터로 활용하여 전도성 물질과 전자소자를 연결하는 방식이다. 스냅단추는 간단하게 웨어러블 디바이스 및 스마트 의류에 적용할 수 있는 전자섬유의 결합방식이다. 특별한 공정 변화가 필요 없어서 비용절감에 유리할 뿐 아니라 뛰어난 전기전도성을 갖는다는 장점이 있다. 또한 사용자에게 친숙한 기존의 의복용 액세서리를 활용함으로써 사용자가 친화성을 높이면서도 저렴하며 손쉽게 부품 탈착이 가능하여 세탁성과 내구성도 확보된다.

• 본딩(bonding)

전도성 에폭시와 같은 접착제로 섬유상의 전도성 물질과 전자소자를 연결하는 방식이다. 심실링테이프와 같은 접착 물질을 이용하여 전자소자를 고정하는 것으로 의류의 방수성능도 함께 향상시킬 수 있다(그림 1-11). 경량성, 유연성, 미세 다공성, 신축성 등을 가지고 있는 폴리우레탄(polyurethane, PU) 나노웹, 인체 친화적인 전도성 물질로 주목받고 있는 그래핀을 심실링테이프로 제작하여 스마트 의류용 신호전달선으로 사용한 연구가 보고된 바 있다.

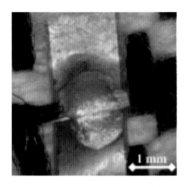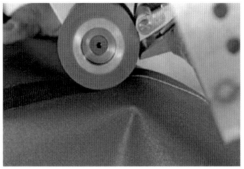

그림 1-11 본딩 기법의 전자부품과 섬유 연결

(출처: 장은지 외(2018). PV 나노웹 기반 전기전도성 텍스타일의 개발 및 스마트 의류용
신호전달성으로의 적용 가능성 탐색. 한국의류산업학회지. 20(1))

• 엠브로이더링(embroiding)

자수를 통해 전도성 물질과 전자소자 또는 전자소자 사이를 연결하는 방식이다(그림 1-12). 자수는 한 가지 방법으로 복잡한 전자장치를 직물에 결합하는 동시에 회로를 구성할 수 있는 유일한 방법이다. 전자장치 결합을 위한 자수기술은 지난 10여 년간 많은 연구가 이루어져 왔다. 자수기법은 섬유 산업에 잘 녹아들 수 있고 공정방법이 간단하며 성능이 우수하다는 장점이 있다. 이에 전자 부품을 섬유에 접합하기에 앞서 전도사를 활용해 섬유에 회로를 구성해 주어야 하는데, 자수 기법과 프린팅 기법이 적합한 기술로 알려져 있다. 자수 기법은 전기전도성 실을 구멍이 뚫려 있는 전자소자에 자수를 하여 물리적인 접촉에 의해 전기적 신호나 에너지를 전달해 주는

그림 1-12 엠브로이더링 기법의 전자부품과 섬유 연결

(출처: https://onlinelibrary.wiley.com/doi/epdf/10.1002/eng2.12491)

원리이다. 분해능이 솔더링 방식에 비해 떨어져 아주 미세한 회로에는 적용할 수 없지만 기존의 섬유 공정기술을 이용할 수 있고 고온, 고압이 필요 없이 좋은 결합력과 높은 전기전도성 얻을 수 있어 상당히 주목받고 있는 결합기술이다.

• 그 외 결합기술

솔더링, 크림핑, 본딩, 엠브로이더링과 같은 결합기술이 주로 영구적인 접합방식(fixed connection)이었다면, 벨크로(hook and loop), 자석, 지퍼 등을 응용한 탈부착 가능한 형태의 접합방식도 있다(그림 1-13). 은전도성 물질이 도금된 벨크로의 경우 훅(hook)과 루프(loop)가 접촉 시 접촉저항 수치가 일관적이지 않고 벨크로 표면에 코팅된 전도성 물질의 빈번한 탈착 문제로 개발된 이후 널리 상용화되지는 않으나 현재는 주로 영구적인 접합방식에서 방수 및 내구성이 문제가 되는 경우에 이를 해결하기 위한 임시적인 대안으로 사용되고 있다.

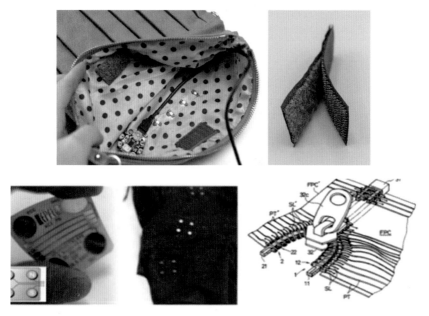

그림 1-13 다양한 방식의 전자부품과 섬유 연결
(출처: 상-https://onlinelibrary.wiley.com/doi/epdf/10.1002/eng2.12491,
하-file:///C:/Users/songj/Downloads/KCI_FI002678458.pdf)

CHAPTER

02

편성물의 개요

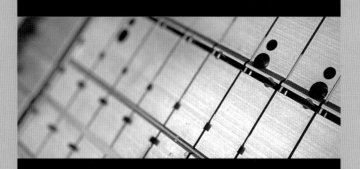

2.1   편성물의 개요 및 종류

편성물은 바늘을 사용하여 한 올 또는 여러 올의 실로 루프(loop)를 만들고 이 루프를 연결하여 만든 소재를 의미한다. 루프는 편성물의 조직을 구성하는 기본단위로써 니들 루프(needle loop)와 싱커 루프(sinker loop)로 구성되며(그림 2-1), 이는 메리야스 또는 니트(knit)라고도 불린다. 편성물 기반의 전도성 섬유는 편직 공정에서 요구되는 전도성 섬유의 물성이 제직 시보다 까다로워서 더 늦게 개발되었으나 편성물의 우수한 신축성과 착용성으로 인하여 현재에는 편물형 전도성 섬유가 활발히 연구개발되고 있으며 그 적용 범위가 점차 확장되고 있다. 이러한 편성물을 제조하는 과정을 편직(knitting)이라 하며 편직에 사용되는 기기를 편성기 또는 편직기라고 한다. 편성물의 종류는 직물의 경우와 비슷하게 여러 가지 방식으로 분류할 수 있다. 제조 원리에서 보면 루프가 세로방향으로 형성되는 경편식과 루프가 가로방향으로 형성되는 횡편식으로 크게 분류할 수 있다. 이에 따라 경편성물(warp knit)과 위편성물 또는 횡편성물(weft knit)이라고 칭한다(그림 2-2). 편성물의 종류에 따라 경편성물 편직 시에는 경편성기, 위편성물 편직 시에는 위편성기 또는 횡편기, 환편기를 사용한다.

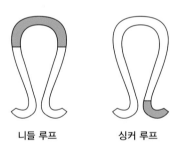

니들 루프   싱커 루프

그림 2-1 편성물의 루프 구조

위편성물은 원단의 폭방향(course 방향, 직물로 치면 위사방향에 해당)으로 루프형성용 편성바늘에 의해 루프가 형성되며, 이미 형성된 루프 안쪽으로 새 루프를 통과시켜 새로운 루프가 형성되는 방법이다. 공급사 진행 방향에 따라 루프는 폭방향으로 순차적으로 형성된다. 편포의 형성은 공급되는 실(feeding yarn) 하나에 대하여 한 줄

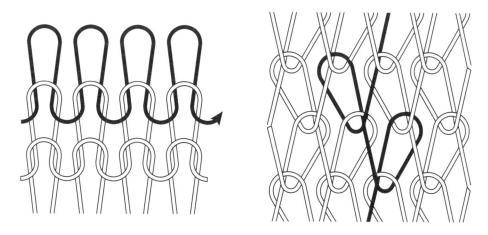

그림 **2-2** 편직원리에 따른 편성물의 종류: 위편성물(좌), 경편성물(우)

의 루프가 형성되며, 위편성물은 사용되는 위편성기의 침상(needle bed) 형태에 따라 평편과 환편으로 나누어진다. 위편성물은 루프들의 집합이므로 직물에 비해 훨씬 부드럽고 신축성이 매우 우수하다. 따라서 이 종류의 편성물은 몸의 실루엣을 강조하는 외의나 속옷과 같이 몸에 부착되는 의류, 혹은 유아복처럼 부드러움이 강조되는 부분에 사용된다.

이에 비해 경편성물의 경우는 모든 편침이 동시에 움직이도록 편침의 정렬 방향과는 전혀 독립적인 캠에 의해 움직이므로 모든 편침이 동시에 상하운동을 하면서 루프를 만들 수 있어서 편침의 수만큼 사(yarn)를 공급할 수 있다. 따라서 경편성물의 경우 직물의 경우와 같이 나란히 정리된 실, 즉 경사빔이 존재하며 이 실들을 가이드 바에 붙은 가이드들이 각 바늘에 실을 공급한다. 따라서 루프의 형성은 동시에 진행되며 하나의 루프를 형성한 실은 다음 바늘에서 루프를 형성할 때까지 일정거리를 직선으로 이동하기 때문에 경편의 경우 루프와 직선부분의 조합으로 이루어진다. 따라서 경편성물은 직물보다는 부드럽고 위편물에 비해서는 형태안정성이 크지만 신축성은 떨어진다. 따라서 경편성물은 안감, 레이스, 캐주얼웨어 등이나 산업용 소재로 많이 사용되며, 위편성물과 비교해서 생산속도가 빠르다. 위편성물과 경편성물의 주요 특징은 표 2-1과 같다.

표 2-1 위편성물과 경편성물의 주요 특성

구분	위편성물(waft knitting)	경편성물(warp knitting)
사용 원사	방적사, 필라멘트사 구분없이 사용	주로 필라멘트사를 사용
신축성	신축성이 뛰어남	상대적으로 신축성이 적음
편직동작	편침이 순차적으로 작동하여 편직이 이루어짐	편침이 동시에 작동하여 편직이 이루어짐
편직공정	준비공정이 단순함	편직을 위한 준비공정이 필요함(beaming 공정)
용도	주로 의류용 소재로 사용	의류용, 인테리어용, 산업용 소재로 사용
특성	조직에 따라 전선 현상, 컬업 현상 발생	컬업 현상은 있으나 전선 현상은 발생하지 않음

위편성물(Weft knit)

위편성물은 한 올의 실이 폭방향(직물의 위사 방향과 같은 방향)으로 루프를 연결하면서 만들어진 편성물을 의미한다. 편성물의 기본형은 표면에서 겉뜨기(knit stitch), 이면에서 안뜨기(purl stitch) 형태가 나타나며 루프의 형태가 겉과 안쪽에서 볼 때 다르게 나타난다(그림 2-3).

편성물은 길이 방향, 즉 루프의 세로방향을 웨일(wale)이라 하고 폭방향, 즉 가로방향을 코스(course)라고 부른다(그림 2-4).

위편성물은 횡편기(요꼬, flat knitting machine) 또는 환편기(다이마루, circular knitting machine)로 제작된다. 그림 2-5와 같이 편성기의 침상(needle bed)이 가로형으로 늘어놓아진 것이 횡편기이며 편침이 한 개씩 차례로 상승해 실을 걸고, 다음에

그림 2-3 겉뜨기(knit stitch)와 안뜨기(purl stitch)

(출처: 한국생산기술연구원)

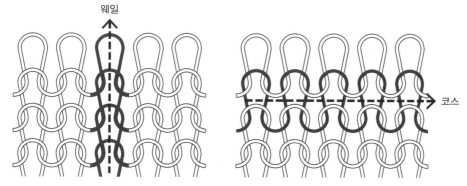

그림 **2-4** 위편성물의 웨일과 코스

하강해서 루프를 가로방향으로 차례로 만들어가는 것으로 평면형태의 횡편(flat bed knit)으로 된 직물을 생산한다. 횡편 니트제품은 스카시, 자카드, 양두, 인타샤 등 다양한 조직으로 편직이 가능하며 기계상에서 성형이 가능하므로 재단공정 없이 의류를 생산할 수 있는 것이 특징이다. 원통형으로 침상이 늘어놓아진 환편기(그림 2-6)는 환편(circular knit) 또는 다이마루라 불리는 원통 모양의 천을 편직하며 생산 속도가 빠르다.

  횡편기의 종류와 자세한 설명은 제3장에서 서술하였다. 의류용 소재로 쓰이는 대부분의 소재는 위편성기에서 편직하며, 니트로 만들어진 의류 제품들은 니트(knit), 니트웨어(knit wear), 편물, 편직, 편직물, 편성물, 스웨터(sweater), 다이마루, 저지

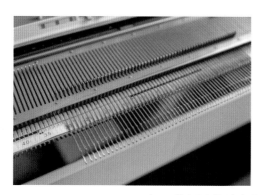 

그림 **2-5** 횡편기의 침상(좌), 횡편기로 생산되는 횡편성물(우)

(출처: 좌–https://blog.tincanknits.com/2019/08/15/my-knitting-machine/,
우–https://artsandculture.google.com/asset/flat-knitting-machine-stoll-gmbh/2QE_3dCXjjba2w)

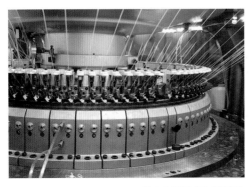

그림 **2-6** 환편기의 침상(좌), 환편기로 생산된 환편성물(우)

(출처: 좌–https://www.youtube.com/watch?v=glPlcPrQDpQ,
우–https://www.woolwise.com/wp-content/uploads/2017/07/WOOL-482-582-12-T-12.pdf)

(jersey), 메리야스(merias) 등의 다양한 용어로 사용한다. 기본 조직에는 평편, 고무편, 펄편이 있고 주로 사용된다. 그 밖에도 인터록, 고무편, 케이블편, 자카드편 등과 같은 여러 가지 종류의 변화조직이 있다.

무봉제 니트(Whole garment)

무봉제 니트, 즉 홀가먼트(whole garment)란 위편성물의 일종으로 기존의 앞판, 뒤판, 소매판을 각각 따로 편성한 다음 함께 봉합하던 것을 한 개의 패턴으로 3차원적 편성할 수 있는 기술과 편성물을 뜻한다. 나아가 홀가먼트 기계는 컴퓨터 횡편기에서 봉제가 필요 없이 완제품을 생산하는 편성기를 의미한다(그림 2-7). 1995년 이탈리아 밀라노에서 개최된 국제 섬유기계 전시회인 ITMA에서 일본의 시마세이키(SHIMA SEIKI) 사가 무봉제 니트편기인 홀가먼트를 처음 발표하면서 무봉제 니트 웨어가 현실화되었으며 소비자의 욕구를 충족시킬 제품들이 개발생산되고 있다. 이 혁신적인 횡편기는 소매와 몸판에서 동시에 코를 형성하여 편성기에서 완제품을 생산할 수 있다. 생산의 마지막 단계인 재단, 봉제, 링킹과 같은 작업을 하지 않음으로써 다양한 비용절감 효과를 가져올 수 있다. 또한 재단에서의 로스(loss)를 막을 수 있으며, 홀가먼트 기술에 따라 필요한 수의 스웨터만을 즉각 편성할 수 있어 편성하는 데 드는 니드 타임(need time)이 단축된다. 홀가먼트 기술은 기본 스웨터, 가디건, 베스트 등과 같은 의류뿐만 아니라 장갑, 모자, 양말, 스카프 등을 한 조각으로 편성할 수 있다. 홀가

그림 2-7 홀가먼트 기계(좌), 홀가먼트 의류(우)

(출처: https://www.shimaseiki.com/wholegarment/)

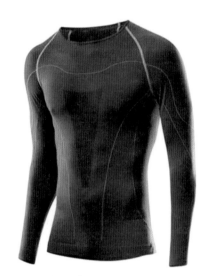

그림 2-8 홀가먼트 스포츠웨어

(출처: Advanced Knitting technology)

먼트 니트는 홀가먼트 기계에서 한 벌의 옷이 완성되어 봉제과정을 거치지 않으므로 봉제선이 없고 니트 제품으로서 소재 본래의 신축성을 유지하는 동시에 운동성과 우아한 실루엣을 갖추어 편안한 바디 라인을 형성하여 혁신적인 편성물의 생산으로 수요량이 점차 증가하고 있다. 무봉제 편직 기술은 기존의 편직 공정에서의 가공 공정이 제외되므로 소량 다품종 생산에 가장 알맞아 점차 고급화되고 개성화되어 가는 소비자의 욕구를 충족시켜 줄 수 있으며 편성물 의복에 부착되어 있는 부속들을 함께 편직함으로써 좀 더 우수한 외관의 고부가가치 제품을 생산할 수 있어 각종 패션

제품, 스포츠웨어, 의료나 기술용 섬유 등 다양한 분야에서 활용되고 있다(그림 2-8).

경편성물(Warp knit)

경편성물은 직물을 제직하는 것처럼 여러 올의 경사를 배열하여 바늘로 좌우 경사를 코로 얽어서 편성하는 것으로 코가 좌우로 지그재그형으로 진행한다. 위편성물에 비하여 밀도가 치밀하고 신축성과 벌키성이 떨어진다. 그러나 실용적인 면에서는 위편성물보다 형태안정성, 내마모성 등이 우수하다. 모양의 종류로는 열린 코(open loop)와 닫힌 코(closed loop)가 있으며 여러 올의 경사가 동시에 움직이며 지그재그 형태로 고리를 만들면서 짜는 조직이다. 직물의 경사와 같이 배열된 다수의 경사를 바늘로 좌우에 있는 경사를 코로 얽어서 편성하는 것으로 코가 좌우로 비스듬히 지그재그로 진행되며 편직한다. 실이 세로방향으로 코를 만들면서 진행하므로 편성물의 폭에 해당하는 수의 경사를 필요로 한다. 경편성물 편직 기술은 실로 천을 만드는 가장 빠른 방법이기도 하다. 트리코트(tricot), 랏셀(raschel), 밀라네즈(milanese)가 대표적인 경편성물로 편직된 편성물이다.

• 트리코트(Tricot)

트리코트 편성기로 편성되는 트리코트는 프랑스어의 트리코테(tricoter), 즉 편성이란

그림 2-9 트리코트 표면과 이면(좌, 중), 랏셀(우)

(출처: 좌·중-file:///C:/Users/songj/Downloads/%EC%B6%9C%EC%84%9D%EC%88%98%EC%97%85%EA%B0%95%EC%9D%98%EB%A1%9D_20221002.pdf, 우-한국생산기술원)

뜻을 가진 말이며, 근래에는 경편성물의 대명사가 되었다. 경편성물인 트리코트는 위편성물에 비하여 밀도가 치밀하지만 신축성과 벌키성이 작다. 형태 안정성이 좋고 거칠거나 뾰족한 것에 의하여 코가 뜯겨 줄이 생기는 전선현상은 덜 나타난다. 내구성이 위편성물에 비하여 좋고, 촉감이 부드럽고 표면이 매끈하며, 가볍고 드레이프성이 우수하다. 란제리(lingerie), 슬립(slip) 등의 옷감에 많이 이용된다. 트리코트 원단은 트리코트 경편기에서 생산되며, 생산성이 우수하나 주로 합성섬유를 사용하므로 소재에 대한 제약을 받으며, 적용분야는 의류용뿐만 아니라 인테리어 제품, 산업용 소재로 널리 활용되고 있다(그림 2-9).

• 랏셀(Raschel)

랏셀은 랏셀 경편기에서 생산된 편성물로써 작은 육각형으로 된 그물조직으로 편직된다(그림 2-9). 트리코트보다 더 다양한 종류의 편성물이 있는데, 얇고 다공성인 것부터 파일편까지 다양하게 편성이 가능하다. 트리코트가 가늘고 균일한 실을 사용하는 데 반하여 랏셀은 장식사 등 복잡한 실을 사용하여 의류용 소재, 수영복, 레이스, 드레스, 수트, 수영복뿐만 아니라 커텐등과 같은 인테리어 제품으로 활용되고 있다.

• 밀라네즈(Milanese)

밀라네즈는 밀라네즈 경편기에서 짜여진 경편성물을 일컫는데, 겉에 가는 골이 있고 안쪽에는 사선 문양이 나타나는 것이 특징이다. 트리코트보다 부드럽고 비용이 더 소요되며, 이로 인해 고급 란제리나 가벼운 드레스지에 많이 사용된다.

공정에 따른 편성물의 구분

일반적으로 편성물 제품은 편직 공정 외에도 봉제방법에 의해 구분된다. 직물과 동일하게 재단 및 봉제과정을 거치는 컷앤쏘(cut & sew), 부분 공정이 들어 가는 풀 패셔닝(full fashioning), 그리고 별도의 공정 없이 편성기로 한 벌의 옷이 완성되는 무봉제형(whole garment)으로 분류된다.

• 컷앤쏘(Cut & Sew)

재단 봉제형 제품이라 불리며 주로 저지(jersey)와 같은 환편성물 원단을 재단 봉제하여 만드는 방법이다(그림 2-10). 제품의 용도에 맞추어 원통상 또는 평형상으로 편직물을 연속으로 편직한 후 패턴의 형태로 재단하고 봉제하여 제품을 만드는 방식이다. 일반적으로 직물을 봉제하는 과정과 유사하고 일반 재봉기를 사용하여 봉제를 하는지와 링킹(linking)기를 사용하여 봉제를 하는지에 따라서 그 상품의 가치를 결정하게 되며 재봉기의 스티치를 디자인 포인트로 활용할 수 있다. 컷앤쏘 방식의 편성물은 폴리컷(fully cut)이라고도 하며 입체적인 디자인에 적합하다. 이 생산방식은 직물 의류제품 제작방식과 동일하지만 연단 시 환편기로 편직된 원단이 말리거나 봉제 시 늘어나기 쉬운 문제가 있다. 재단 부위의 실 풀림의 처리방법과 편성물 특유의 신축성을 고려한 패턴 제작이나 봉제방법 등 편성물 의류제품의 디자인 특성을 파악하고 패턴을 사용하여야 하는 기술적인 방법이 요구된다. 풀 패셔닝(full fashioning) 제품에 비하여 더욱 다양한 형태와 입체적인 실루엣을 얻을 수 있는 장점으로 창의적인 편성물 의류제품을 제조할 수 있는 생산방식이다.

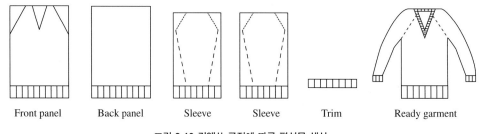

Front panel   Back panel   Sleeve   Sleeve   Trim   Ready garment

그림 2-10 컷앤쏘 공정에 따른 편성물 생산

• 풀 패셔닝(Full fashioning)

풀 패셔닝은 편성물 의류제품의 모양과 실루엣에 맞게 패턴과 게이지를 미리 계산해서 편성물을 편직하는 것이다(그림 2-11). 즉, 편직 중 패턴에 의하여 코 줄임(narrowing, bind-off, 헤라시)이나 코 늘임(widening, 후야시) 조직을 이용하여 패턴대로 편직하고 링킹 봉제 방법에 의해 연결한 후 최종 편성물 제품의 실루엣으로 가공하여 제품을 만드는 방법으로 오늘날에는 컴퓨터 횡편기에 의하여 자동적으로 편직

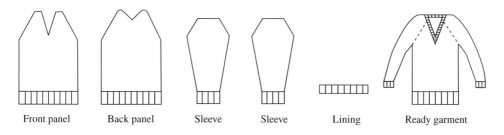

| Front panel | Back panel | Sleeve | Sleeve | Lining | Ready garment |

그림 2-11 풀 패셔닝 공정에 따른 편성물 생산

되고 있다. 풀 패셔닝 제품은 네크라인이나 포켓 등과 같은 부속 부분은 링킹 방법에 의하여 연결된다. 편직할 때 허리단에서 몸판으로 소매 부리에서 소매로 연결하여 편직하므로 재단할 필요 없이 편직된 끝부분이 끝마무리가 되어 풀리지 않으며 대부분 링킹 머신에 의해 봉제된다. 풀 패셔닝 제품은 컴퓨터 횡편기나 풀 패션 편기를 이용하여 성형편직에 의해 제조된 제품으로 성형 제품이라고도 하며, 수편기로 편직된 제품도 여기에 속한다. 풀 패셔닝 제품은 재단에 의한 원단의 손실이 거의 없으며, 패턴의 외곽 처리가 이미 이루어져 있어 쉽게 올이 풀리지 않고, 링킹 가공을 통해 솔기를 얇게 처리할 수 있다. 반면에 편직 시 프로그램 제작 과정 등의 성형 과정이 어렵고 복잡하여 고임금 노동력이 요구되며 상대적으로 생산 속도가 느린 단점이 있다. 그러나 편성물의 재단에 의한 손실이 적어 원단 로스(loss)가 절감되므로 비교적 고가의 의류 소재인 경우에 많이 사용된다.

• 홀가먼트(Whole garment)

가장 최근에 발전된 편성물 의류제품 생산방식으로 실에서 바로 재단과 봉제 등의 후속가공 없이 한 벌의 제품을 생산하는 방식이다. 디자인된 형태를 따라 성형편을 편직하면서 종래의 링킹이나 봉제에 의해서 연결되었던 옆 솔기, 어깨 솔기, 소매 밑 부분, 앞단 부분을 따로 연결할 필요가 없는 완제품 제작 시스템이다. 편성물 제품의 솔기 부분이 전혀 없어 심리스(seamless) 편성물이라고도 불리며 이에 따라 의복 자체의 실루엣을 충분히 살릴 수 있고 착용 외관 및 착용감을 향상시킬 수 있다. 의류 제품 편직 과정 중에서 가공공정 과정을 없애고 의류 완제품으로 생산하는 방식이므

그림 2-12 홀가먼트 라벨

(출처: https://www.shimaseiki.com/images/wholegarment/tag/)

표 2-2. 공정에 따른 편성물의 주요 특징

편성물 분류	컷앤쏘 (Cut & Sew)	풀 패셔닝 (Full Fashioning)	홀가먼트 (Whole garment)
사용편기 (게이지)	환편기, 횡편기, 자카드편기 등	횡편기, 풀패션편기, 자카드편기	무봉제 완벌 편기
완성 평성물	편지 – 연속 편직한 저지류로 평면형 혹은 원통형으로 편직	몸판, 소매, 칼라, 앞섶 – 코 줄이기, 코 늘리기를 통해 필요한 크기와 모양으로 편직	무봉제형 완성 편성물 – 실에서 완전한 의복으로 편성
제편된 형상			
봉제방법	재단 및 봉제(재봉틀) 단환봉으로 처리 버림편오보(버림편록)	링킹기(linking machine)에 의한 봉제	재단과 봉제가 필요 없음
주요상품	슈트, 코트, T-셔츠 등	스웨터, 가디건 등	스웨터, 원피스, 양말 등

로 생산 공정의 단순화와 공정별 대기 시간의 단축에 따라 생산에 소요되는 시간은 다른 어떤 생산방식보다 짧다. 자동 컴퓨터 프로그램의 제어에 의해서 전 공정을 일괄되게 생산관리하기에 품질의 향상이 가능하며, 다품종 소량생산에 가장 적합하고 우수한 생산방식이다. 하지만 고가의 장비를 필요로 하며 다양한 성형 조직과 3차원적인 입체방식의 편성 원리를 이해하고 조직의 변경 및 의복 부위의 연결 등의 복잡한 기술을 응용할 수 있는 고임금의 숙련 기술자가 요구된다.

2.2 편성물의 기본조직

평편(Plain stitch)

평편은 위편성물의 가장 기본적인 조직으로 저지(jersey)라고도 한다. 평편물의 표면에는 겉뜨기(knit stitch)만, 이면에는 안뜨기(purl stitch)만 나타나므로 표면과 이면이 명확하게 구분된다(그림 2-14). 평편은 전선현상과 컬업 현상이 있고 내의류, 티셔츠, 양말 등에 주로 사용된다.

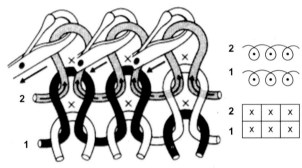

그림 **2-13** 평편 니들 스티치 도식화

그림 **2-14** 평편 표면(좌)과 이면(우)

펄편(Purl stitch)

펄편은 안뜨기(purl stitch)가 표면과 이면에 모두 나타나는 위편성물이다(그림 2-16). 따라서 표면과 이면의 구분이 없고, 웨일 방향의 신축성이 매우 크다. 아기들의 옷에 많이 활용된다.

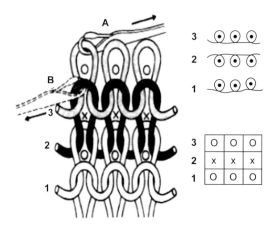

그림 2-15 펄편 니들 스티치 도식화

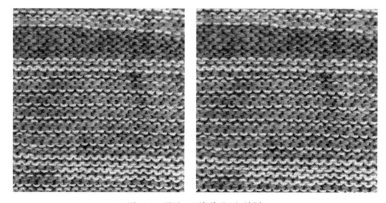

그림 2-16 펄편 표면(좌)과 이면(우)

고무편(Rib stitch)

고무편은 표면과 이면에 겉뜨기와 안뜨기의 조합이 교대로 나타나는 위편성물로, 1×1, 1×2, 1×3, 2×2, 3×1, 2×1 등 여러 가지 조합으로 편성할 수 있다. 컬업 현상이 없고 구조상 코스 방향으로 신축성이 매우 우수하기 때문에 주로 스웨터의 아랫단, 소맷단, 목단, 장갑의 손목, 양말의 목 등에 사용된다. 평편과 동일하게 전선현상은 발생된다.

그림 **2-17** 고무편 니들 스티치 도식화

그림 **2-18** 고무편 표면(좌)과 이면(우)

그 외 조직

• 인터록(Interlock)

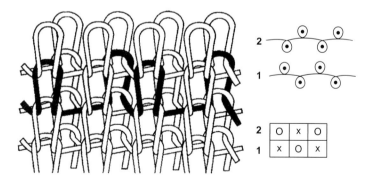

그림 **2-19** 인터록 니들 스티치 도식화

그림 **2-20** 인터록 표면(좌)과 이면(우)

인터록은 1×1 고무편의 변화조직으로, 겉뜨기와 안뜨기가 맞물리면서(interlock) 교차하는 편성물이다. 표리 구조가 동일하여 양면편이라고도 불리며 전선 및 컬업 현상이 일어나지 않아 재단과 봉제가 쉽다. 외관은 저지와 유사하나 촉감은 저지보다는 단단하다. 주로 티셔츠, 운동복, 내의류 등에 사용된다.

• **자카드편**(Jacquard stitch)

자카드편은 자카드 편성기를 사용하여 만든 위편성물로서 색상과 조직 변화를 통해 복잡한 무늬 표현이 가능하다. 전선현상과 컬업현상이 없으며 이면의 형태에 따라 버

그림 **2-21** 자카드 환편기(SINTELLI)(좌), 다양한 무늬의 자카드편(우)

(출처: 좌–https://www.xdknitmachinery.com/products/computerized/, 중–한국생산기술원,
우–https://www.goxip.com/kp/ko/designers/gucci/gucci–logo–jacquard–wool–sweater–men–blue–m–78772403)

즈아이(bird's eye), 래더백(lader's back), 브리스터(blister), 인타샤(intarsia) 자카드 등
다양하게 부른다.

2.3   편성물의 특성

편성물 고유의 특성은 다음과 같다.

- 신축성이 우수하다. 신도는 직물이 10~30%, 경편성물은 40~100%, 위편성물은
  100~200%이다. 펄편을 제외한 대부분의 편성물은 코스 방향으로 신축성이 크다.
- 유연성이 크다. 실이 자유롭게 움직일 수 있어 편성물 의복은 착용 시 구속감을
  주지 않는다. 형태 안정성은 부족한 편이므로 착용과 세탁에 의해 늘어지지 않도
  록 건조에 주의해야 한다.
- 방추성이 우수하다. 실의 자유도가 커서 구김이 잘 생기지 않는다. 세탁 후에 다림
  질이 거의 필요하지 않다.

그림 2-22 편성물의 전선현상(좌·중), 컬업현상(우)

(출처: 좌–https://en.wiktionary.org/wiki/run, 중–한국생산기술원,
우–https://www.thesprucecrafts.com/why–does–stockinette–stitch–curl–2117246)

- 함기율이 크다. 직물보다 함기율이 크므로 보온성이 우수하다. 통기성, 투습성이 좋아 위생적이다.
- 전선(run) 현상과 컬업(curl up) 현상이 있다. 전선은 편성물에서 한 올의 코가 풀리면 사다리 꼴로 계속 풀리는 현상을 말한다. 이는 여성용 스타킹 등에서 쉽게 관찰된다. 컬업현상은 가장자리가 휘말리는 성질이다(그림 2-22). 이는 고무편과 인터록을 제외한 대부분의 위편성물과 경편성물에서 발생한다. 이로 인해 편성물의 재단과 봉제가 어렵다.
- 내마찰성이 좋지 않다. 마찰에 약하여 모제품은 축융되어 수축되거나 두꺼워진다. 합성섬유 제품은 필링(pilling)이 생기기 쉬워 표면 형태가 변화되기 쉽다.

게이지(Gauge)

편성물의 밀도는 게이지로 표시한다. 게이지는 편상(needle bed) 1 inch 안에 들어 있는 바늘의 수, 즉 일정한 면적 안에 들어 있는 코의 평균 밀도를 의미한다. 알파벳 G로 표기하며 숫자가 클수록 조밀하다.

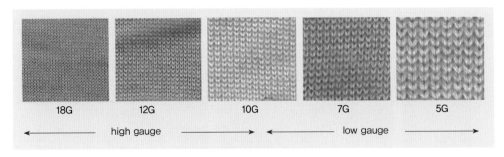

그림 2-23 다양한 게이지별 편성물

- 게이지 산출은 편성물을 가로, 세로 약 30 cm × 30 cm 정도로 편성한 후 스팀 다림질하여 편평하게 놓고 그림 2-24와 같이 가로, 세로 10 cm 안에 있는 코의 수와 단의 수를 측정하여 산출한다.

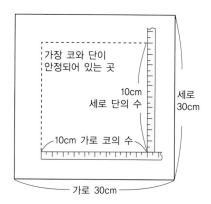

그림 **2-24** 편성물의 게이지 산출방법

컴퓨터 횡편기의 개요 및
전자섬유의 기초 이론

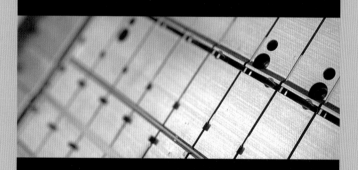

3.1 횡편기의 개념 및 종류

편성물 제조에 사용되는 횡편기는 바늘이 직선형으로 배열되어 있기 때문에 기체는 옆으로 긴 직선 형태이며, 가로폭 방향으로 편직하여 위편성물을 편성하는 위편기와 세로방향으로 편성하며 경편성물을 편직하는 경편기로 분류된다. 일반적으로 의류 제품에 가장 많이 사용되는 위편기는 평형편기와 원형편기로 나누어지는데, 평형편 기에는 횡편기와 풀패션 편기가 있으며, 원형편기에는 환편기와 양말편기가 있다. 그 중 의류용으로는 횡편기, 저지 원단을 생산하는 원형의 환편기가 가장 많이 사용된다. 경편기는 트리코트(tricoat)편기, 랏셀(rachel)편기, 밀라니즈(milanese)편기가 있는데 이들 중 밀라니즈편기만이 원형과 평형이 있고 나머지는 모두 평형편기이다. 횡편기는 1863년 미국의 램(Lamb Issac William)이 발명한 것으로 발명했을 때의 것은 2 개의 직선형 침상이 평행하게 수평으로 배치된 것이어서 형평편기라는 명칭이 유래

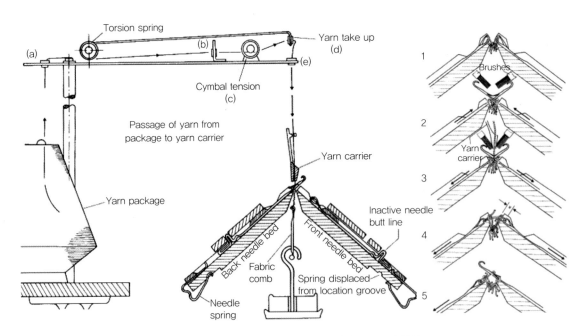

그림 3-1 V-bed 횡편기 구조(좌)와 편직 과정(우)

(출처: https://www.textileblog.com/v-bed-knitting-machine-specification-diagram/)

되기도 하였으나 현재는 양두 침편기 이외의 것은 침상이 수평면에 대해 45° 정도 경사를 이루며 침상 상호 간에 90~104°의 각을 이루어 지붕 모양을 형성하고 있다(그림 3-1). 횡편기는 앞뒤로 2개의 니들 베드(needle bed)를 가지고 있으며, 2개의 니들 베드가 서로 수평이 될 때 Two-bed 편성기라고 하며, 바늘의 혹이 90~100° 정도의

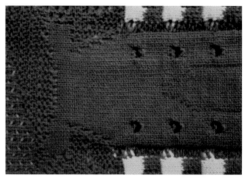

그림 3-2 V-bed 편성기에 의한 신발 편직(STOLL)

(출처: Advanced Knitting technology)

그림 3-3 편성기의 구분

(출처: https://koreascience.kr/article/JAKO201209938855458.pdf)

각도로 편직하는 것을 V-bed 편성기라고 한다. V-bed 편성기는 풀패션 제품 편직에 용이하여 의류 제품류뿐만 아니라 신발, 장갑, 모자 등을 편직하는 데 주로 사용된다 (그림 3-2).

주요 컴퓨터 횡편기 장비의 현황

컴퓨터 횡편기를 제조, 판매하는 기업으로는 독일의 스톨(STOLL), 일본의 시마세이키(SHIMA SEIKI) 사가 대표적이다. 편성기술은 기계 가공기술이 고도화, 하이테크화되고 편성물 제품에 대한 수요도 종래의 생산자 중심에서 소비자 중심으로 다양화됨에 따라, 편성기의 하드웨어 면에서의 기술혁신과 함께 크게 발전하며 제품의 품질 향상을 위한 다양한 효과를 적용하여 구매자의 만족도를 높이고 다양한 고밀도 편직물 생산을 위한 니들 구조 개선을 통해 생산 품질을 높이고 있다. 최근 컴퓨터 편성기 분야는 4차 혁명 흐름에 맞추어 스마트팩토리(smart factory)를 위한 기계 스마트화 및 공정 모니터링 설비기술의 개발과 IoT(Internet of Things) 기반의 다양한 공정제어 및 디자인 소프트웨어와의 연계를 통한 스마트 기술을 접목하고 있다. 독일의 스톨사는 IoT를 이용한 스마트화를 위해 편성기 CMS시리즈에 모바일로 모니터링할 수 있도록 태블릿을 장착하고 웹사이트에 접속하여 클라우드와 캐드(CAD) 데이터 연동 및 기계 간 M2M으로 연결된 공유가 가능하다. 온라인 네트워크 프로그램으로 TC-generation과 CMS 기계 간에 이더넷(ethernet) 연결을 통해 캐드 및 생산정보와 같은 대량의 데이터를 전송할 수 있도록 네트워크화되어 있다. 이에 컴퓨터 횡편기는 의류 생산용에서 나아가 비의류 분야인 산업용 원단(카시트 원단, 신발원단, 의료용 원단 등) 생산이 가능한 기종들로 발전하고 있다. 전반적으로 고생산성, 저에너지로 가성비를 높이는 방향으로 제품개발이 진행되고 있다.

스톨(STOLL)

스톨(STOLL) 사는 1873년 독일의 Heinirich Stoll과 Christan Schmidt에 의해 처음 설립되어 현재까지 스톨이라는 이름으로 글로벌 시장에서 대표적인 컴퓨터 횡편기 업체로 시장을 선도하고 있다. 대표 컴퓨터 횡편기 기종은 CMS 시리즈로서 각 모

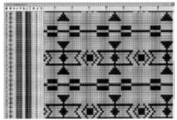

그림 3-4 스톨(STOLL) 소프트웨어 M1 PLUS 프로그램

(출처: Advanced Knitting technology)

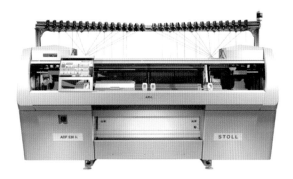

그림 3-5 스톨(STOLL) 사의 CMS 502 HP+ Multi Gauge(좌), ADF830-24 KI(우)

(출처: https://www.stoll.com/en/)

델들은 게이지(gauge)와 2캠 시스템 또는 3캠 시스템에 따라 세분화된다. 그러나 스톨사의 횡편기 모델 대부분은 E3~E18까지의 게이지를 모두 커버할 수 있는 플렉서블 게이지(flexible gauge), 즉 멀티 게이지(multi gauge) 기종이며 생산속도가 매우 빠르고 인타샤, 자카드, 이중우수조직 생산이 가능하다. 최근에는 무봉제 니트(whole garment)편직 시스템의 ADF 시리즈 모델들의 시장 점유율이 증가하고 있다. 스톨 사의 자체 소프트웨어인 M1 PLUS는 형태, 크기 사양 또는 색상 변형에 관계없이 모든 종류의 편직 패턴을 직관적으로 작성할 수 있다. 입력하는 패턴은 테크니컬 뷰(technical view)와 패브릭 뷰(fabric view)의 상태로 동시에 볼 수 있는데 테크니컬 뷰에서는 기계 설정에 대한 기술 세부 정보를 제공, 패브릭 뷰는 실제 패브릭 구조를 보여주며 개발한 프로그램을 활용하여 3D 시뮬레이션이 가능하다(그림 3-4). 편직하고자 하는 디자인 구성이 완료된 이후에는 실제 편직에 소요되는 시간과 실 소비량을 확인할 수 있으므로 생산효율 향상에 큰 역할을 한다.

시마세이키(SHIMA SEIKI)

일본의 시마세이키 사는 자동화 장갑 편성기 개발을 시작으로 시마 마사히로가 창업한 섬유기계 전문업체이다. 지난 1962년 장갑 편성기를 시작으로 1970년 세계 최초 무봉제 자동 장갑 편성기 SFG를 개발했으며, 1978년 컴퓨터 횡편기 SNC를 선보여 패션 산업에 혁신을 일으켰으며 현재까지 컴퓨터 횡편기, 장갑 및 양말 편성기, 디자인 시스템을 제조 판매한다. 최근 시마세이키사에서는 편직 시 원단이 떠오르지 않도록 눌러주는 장치인 루프 프레서를 장비한 5세대 횡편기 'SRY123LP', 'SWG-XR', 'MACH2XS'를 출시하였다. 4-BED(X-BED) 구조에 관한 오랜 노하우를 바탕으로 니들 베드 상부에 앞뒤 베드 Two-bed를 탑재해 리브(rib)조직도 루프로 하나씩 눌러줄 수 있는 기능이 가능해졌다. 또한 총침(all needle) 인레이(inlay) 무늬의 편성이 용이하게 되어 패션 디자인 기획 개발의 범위가 대폭 확대되었다. 따라서 현재까지 횡편기에서는 표현할 수 없었던 텍스타일의 제안도 기능해졌으며 탄소 섬유나 금속계, 필라멘트 연사 등의 산업 자재를 이용한 제품의 편성도 가능해져 전자섬유 생산에도 폭넓게 활용할 수 있다. 세계 최초로 홀가먼트 횡편기를 개발한 회사로서 시마세이키 사는 홀가먼트 횡편기 개발과 시장 확장에 총력을 다하고 있다. 홀가먼트 횡편기 'MACH 2X' 시리즈의 편성속도는 최대 1.6 m/s로, 기존의 기종보다 생산성이 향상되었으며 6~12게이지, 15~18게이지까지 다양한 굵기를 아울러 편직이 가능하여 패션 업계뿐만 아니라, 탄소 섬유나 금속계, 필라멘트 연사 등 신소재에도 활용할 수 있어 의료나 스포츠, 안전 제품, 산업 자재 등 다분야에서도 폭넓게 활용할 수 있다. 대표적으로 2012년 나이키(Nike)에서 출시한 플라이니트(flyknit)는 시마세이키 사의 컴퓨

그림 **3-6** 시마세이키사(SHIMA SEIKI)의 편성기 N.SRY123LP/183LP, SWG-XR(좌·중), 소프트웨어 SDS®-ONE APEX(우)

(출처: https://www.shimaseiki.com/product/knit/machine/)

터 횡편기 'SR112'와 홀가먼트 횡편기 'MACH 2X'로 생산된 것으로 알려져 있다. 시마세이키 사의 컴퓨터 횡편기에 사용되는 소프트웨어 프로그램은 자체 개발한 'SDS®-ONE APEX'로써 고품질의 컴퓨터 시뮬레이션에 의해 현물 샘플을 대신하는 가상 샘플작성을 가능하게 하며 원단의 소재감을 정밀하게 표현한 가상 샘플은 리드 타임 단축, 비용 절감뿐만 아니라 디자인 품질의 향상에도 기여한다.

3.2 컴퓨터 횡편기의 생산기법

편성물 생산 산업은 컴퓨터 자동 편직 기술의 발달과 함께 점차 발전해왔다. 컴퓨터 횡편기는 비교적 소규모 설비에 의한 생산이 가능하고, 공정이 간단하여 다품종 소량 생산의 패션 수요를 충족시키기 적합하다. 특히, 패션 사이클이 점차 짧아지고, 제조 산업의 흐름이 소비자 맞춤형(customizing) 생산방식의 경향임을 고려할 때, 편성물 산업은 전망이 밝은 고부가가치 패션산업이다. 또한 최근 다양한 디자인과 구성법이 개발되고, 컴퓨터 자동 편직 기술의 발달로 인해 편성물의 활용도와 사용분야가 확장되고 있고 특히 편성물 기반의 전자섬유 개발이 활발해짐에 따라 패션산업에서 편성물의 비중이 더욱 커질 전망이다. 컴퓨터 횡편기를 활용한 최신 주요 편성물 생산 기법을 살펴본다.

인타샤(Intarsia) 및 자카드(Jacquard) 편직

위편성물 중 두 가지 이상의 편사를 이용하여 무늬를 나타내는 조직으로는 크게 인타샤 조직(intarsia structure)과 자카드 조직(jacquard structure)으로 구분된다. 두 조직 모두 두 가지 이상의 색사로 문양을 표현할 수 있다는 공통의 특징을 활용하여 편성물 제품에 널리 쓰이고 있으나 조직의 특성과 편성방법에는 차이가 있다. 이태리어의 'inlay'에서 유래되어 '상감하다, 도장 찍다'의 뜻을 지닌 인타샤 조직은 도장을

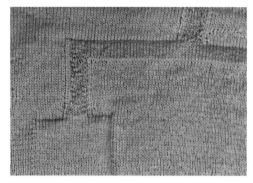

그림 **3-7** 인타샤 조직으로 편직된 편성물의 표면과 이면

(출처: 한국생산기술연구원)

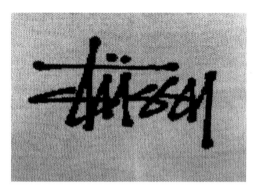

그림 **3-8** 자카드 편성물의 표면과 이면

(출처: 한국생산기술연구원)

찍은 효과를 나타내는 배색 문양을 표현할 수 있으며 이면 조직이 없는 것이 특징이다(그림 3-7). 플레인 조직에 무늬를 나타내는 것으로 이면 조직이 없어 편지가 두텁지 않으며 자카드 조직에 비해 색상 수를 더 많이 사용할 수 있으나, 컴퓨터 횡편기에서 편성을 하는 데 필요한 컴퓨터 프로그램 제작이 어렵고 편성 준비 공정이 복잡하며 편성 시간이 오래 소요되어 생산 단가가 비싸다는 한계를 지닌다. 자카드 조직은 이면 조직이 형성됨으로써 자카드 종류에 따라 편지가 세분화된다는 특징을 지닌다. 인타샤 조직에 비해 문양의 표현이 비교적 자유로워 시각적 효과를 높이는 디자인에 활용하는 데에도 매우 용이하다(그림 3-8). 편성방법 또한 까다롭지 않으며 편성 시간이 오래 소요되지 않아 대량 생산에도 효율적이라는 장점을 지닌다. 이러한 특징을 지닌 자카드 조직은 연령과 성별에 상관없이 캐주얼에서 정장, 셔츠에서부터 재

킷, 코트와 같은 외의류, 모자, 머플러와 같은 소품에 이르기까지 널리 적용되고 있다. 편성물 제품에 널리 적용되고 있는 자카드 조직은 노멀자카드(Normal Jacquard), 버즈아이자카드(Bird's eye Jacquard), 플로팅자카드(Floating Jacquard), 튜블러자카드 (Tubular Jacquard), 레더스백자카드(Ladder's back Jacquard), 블리스터자카드(Blister Jacquard), 트랜스퍼자카드(Transfer Jacquard)의 총 일곱 가지 정도이며, 각기 다른 편성방법과 특성을 지니고 있기 때문에 이는 디자인 적용에 있어서 매우 중요한 요소로 작용한다.

양면 편직(Reverse plating)

양면 편직은 일반적으로 환편기에서 가능한 편직기술이었다. 그러나 자동횡편기의 기술 발전에 따라 V-bed 횡편기를 이용하여 패턴에 따라 동일한 코스(course) 내에서 루프(loop)의 실 위치를 반전시킴으로써 양면 편직이 가능해졌다. 시마세이키(SHIMA SEIKI) 사에서 최초로 횡편기 SVR093SP와 SVR123SP를 사용하여 패턴에 상관없이 실 색상을 전환하도록 함으로써 평편조직의 편성물에서 자카드패턴을 편직하도록 하였다. 스톨(STOLL) 사의 ADF 시리즈는 양면편직(reverse plating), 이캇 편직(ikat plating), 인레이 편직(inlay plating) 등 다양한 양면 편직이 가능하다. 이는 편직기 내의 캐리지(carriage)가 독립적으로 이동하며 실 우수(yarn carrier)를 수평 또는 수직 방향으로 자유롭게 이동시키는 기술이 가능하기 때문이다.

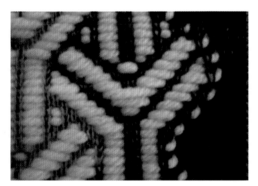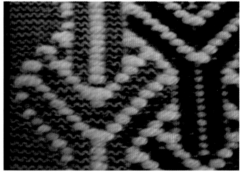

그림 **3-9** 양면 편직된 편성물의 표면(좌)과 이면(우)(STOLL)

(출처: Advanced Knitting technology)

직물 구조를 모방한 편직(Mimicking woven structures)

편성물은 바늘을 사용하여 한 올 또는 여러 올의 실로 루프(loop)를 만들어 루프가 연속적으로 연환(interlooping)되지만 직물의 경우 경사와 위사가 교차(interlocking)하며 원단을 형성한다. 이 과정에서 직물 내의 경사와 위사는 서로 상감되어(inlay) 교차된 형태의 실(inlaid yarn) 구조를 형성한다. 이와 같이 직물 내의 실이 교차되어 있는 구조를 편성물에 도입하여 직물구조를 모방한 편성물 편직기술이 각광받고 있다. 인레이드 얀(inlaid yarn) 구조를 적용하여 편직된 편성물의 경우 형태 안정성, 두께, 볼륨감, 유연성, 무게, 텍스처가 직물과 매우 유사하게 생산된다. 가장 중요한 것은 기존의 편성물과는 달리 신축성이 줄어드는 것이다. 20년 전만 해도 이와 같은 기술은 환편기로만 구현이 가능했으나 최근에는 V-bed 횡편기로도 편직 생산이 가능하다.

그림 3-10 직물 구조를 모방한 편성물(STOLL)

(출처: Advanced Knitting technology)

부직포 구조를 모방한 편직(Mimicking nonwovens structures)

일반적으로 보건용 마스크는 부직포(nonwoven)로 생산되어 왔다. 그러나 최근에는 자동횡편기 중 홀가먼트 편기에 의한 보건용 마스크 생산이 급증하고 있다. 시마세이키 사에서는 SWG041N2, SWG061N2, SWG091N2 홀가먼트 편기를 이용하여 다양한 디자인의 보건용 마스크를 생산하기 시작하였다. 기존 부직포 형태의 보건용 마스크에 비해 편성물 보건용 마스크는 3D 형태로 굴곡진 얼굴 형태에서 최적

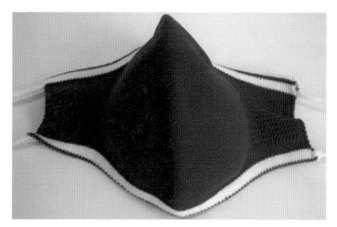

그림 3-11 홀가먼트 편성물의 마스크(STOLL)

(출처: Advanced Knitting technology)

의 착용성과 안정성을 제공한다. 또한 생산속도가 빨라 생산성이 우수하고 경제적이다. 면사로 편직된 편성물 보건용 마스크는 편성물의 구조 특성에 의해 숨쉬기가 편하다는 장점이 있으며 세탁이 가능하여 다회성 재사용이 가능하다. 스톨 사의 Karl Mayer Group 역시 다양한 디자인의 편성물 마스크를 생산하고 있으며 자사 웹사이트에서 디자인 소스를 제공한다. 이탈리아의 산도니니(Sandonini) 사는 4 inch 직경, 200~400개의 바늘이 자동으로 작동하는 편성기를 사용하여 마스크 한 개당 생산속도를 45초로 단축시켰다. 또한 마스크 편직 시 기존의 천연섬유 원사뿐만 아니라 항균사를 투입하거나 이중구조의 편성물을 편직하여 마스크의 항균적 기능을 향상시켰다. 튜블라(tubular) 조직의 편직기술을 접목하여 마스크 내에 필터를 장착할 수 있는 부가적인 기능도 부여하였다.

3.3 컴퓨터 횡편기에 의한 전자섬유 개발

우수한 신축성과 착용성을 가진 편성물 기반의 전자섬유가 활발히 개발되며 사용

용도와 분야가 점차 확장되고 있다. 편성물 기반의 전자섬유는 굴곡이 많은 인체에 적합하며 사용자에게 불편함 없이 오래도록 착용될 수 있어 인체의 생체신호, 호흡, 체온 및 모션 등과 관련한 인체정보 데이터를 지속적으로 수집할 수 있도록 하여 높은 수준의 건강을 유지하게 하기 때문에 휴먼 인터페이스 기술(human interface technology)의 핵심기술이 되고 있다. 편성물이 가진 고유의 신축성은 인체의 불균일하고 복잡한 형태를 자연스럽게 커버하고 지속적인 움직임에 순응할 수 있는 능력이라 할 수 있다. 또한 우수한 유연함과 탄성력을 갖추었으며 맞춤 사이즈로 제작이 가능하고 통기성 및 쾌적성이 우수하다. 디자인의 다양성, 성형 용이성이 있고 편직방법에 따라 전도사를 인레이(inlay)하거나 인타샤 조직으로 일반사와 전도사를 독립적으로 편직이 가능하다. 또한 자카드 편성기로 회로를 디자인하여 원하는 위치에 전도사가 삽입된 편성물 제작이 가능하다. 본 교재에서는 편성물 편직 시 전도사가 일반사와 합사되어 편직된 편성물과 편성물 표면에 전도사를 인타샤 및 자카드 방식으로 편직한 편성물을 '전도성 니트(conductive knit)'라고 칭하여 서술하고자 한다. 직물 또는 편물형 전도성 섬유가 스마트 섬유 제품에 활용되기 위해서는 온도 등의 환경 변화에 저항성을 가져야 하며, 마찰 등에 대한 내구성과 제품 용도에 적합한 전기적·물리적 기능 발현이 확인되어야 한다. 또한 반복되는 굽힘과 신장에도 일정한 성능을 유지할 수 있도록 형태 회복과 성능 발현에 대해서 낮은 히스테리시스(hysteresis)가 요구된다. 편성물은 실의 종류에 국한되지 않고 편직이 가능하여 전도성 니트 기반의 스마트 의류제품에 대한 연구와 개발은 활발히 이루어지고 있다. 전도성 니트의 주요 활용분야를 1) 센서, 2) 심전도(ECG, Electrocardiography), 근전도(EMG, Electromyography) 측정용 전극, 3) 스마트 의류로 나누어 각 해당 분야에 발표된 논문 및 개발 사례를 소개하고자 한다.

센서(Sensor)

편성물은 다른 섬유소재보다 신축성이 우수하고 유연하여 굴곡이 많고 변형이 잦은 신체 부위에 적용하기 적합하다. 특히 손가락, 무릎, 팔꿈치 등과 같이 관절 움직임이 빈번한 부위에 전도성 니트 기반의 압력 센서, 스트레인 센서(strain sensor)를 개발한 사례들이 다수 보고되어 있다. 그중에서도 스마트 텍스타일 센서(smart textile sensor)는 편성물에 전기전도성을 부여해 인체의 동적 모니터링을 가능하게 해준다. 전기전도성을 가진 스마트 텍스타일 센서는 압전 저항방식을 이용한 압력 센서, 스트레인 센서의 방식으로 작용해 착용자의 생체 신호를 포함한 동적 모니터링을 하는 데 사용되기 위해 센싱한 정보에 대한 즉각적인 확인이 필요하고, 웨어러블 기기 특성상 높은 착용감과 사용 가능성이 요구된다. 전도성 니트 기반의 웨어러블 동작 센싱 기술은 기존의 생체 신호 측정실에 설치된 동작 센싱 장비에서는 생각할 수도 없었던 새로운 적용들을 가능하게 한다. 피트니스 트레이닝 시에 운동 수행의 양과 질을 측정할 수 있고, 개개인의 재활운동을 위한 프로그램에 활용되어 개인 맞춤형의 완전히 새로운 용도들로 전개될 수도 있다. 사용자의 호흡이나 맥박 같은 작은 움직임에서부터 보행운동, 관절운동과 관련된 큰 동작에 이르기까지 신체의 움직임과 관련한 다양한 정보를 측정하기 위해서는 착용자의 체표면에 밀착되게 입혀져서 동작에 따른 체표면의 길이 변형을 측정할 수 있어야 한다. 전도성 니트 기반의 스트레인 센서는 편안하게 입을 수 있으며, 기존의 스트레인 게이지보다 훨씬 더 큰 변형에 대한 센싱이 가능하며, 변형이 복잡한 3차원 형태의 인체에 적용하여 변형을 반영하기가 유리하며, 다양한 조직과 형태로 제작하기에 용이하다는 장점이 있다.

그림 3-12의 편성물 데이터 글러브는 각 손가락 부위를 전도사로 편직하고 웨어러블 센서(wearable sensor)를 편성물에 통합하여 손가락의 움직임에 대한 각도 변화에 따라 저항 값이 바뀌도록 하여 측정 가능하도록 제작하였으며, 손의 크기에 상관없이 착용 가능하게 편직하였다. 이는 로봇 의수 제어 및 재활 훈련용 데이터 글러브로 활용 가능하다. 편성물 데이터 글러브는 전도사를 이용하여 손가락 관절 부위를 지나가도록 제작하였으며, 봉제가 필요 없는 홀가먼트 편성기를 이용하여 공정을 최소화하였다. 기존의 복잡한 공정과 센서를 삽입해야 하는 형태의 데이터 글러브와는 다르게 접착, 후가공, 봉제 등이 필요하지 않다. 또한 센서를 포함하여 데이터 글러브는 섬유로 제작되어 유연하고 가벼운 특성을 지니며, 편성물 구조가 지니고 있는 신축성으로 다양한 손 크기에 대응할 수 있다.

전자섬유가 내장된 스마트의류 개발 시 중요하게 대두되는 세탁 시의 문제를 해결

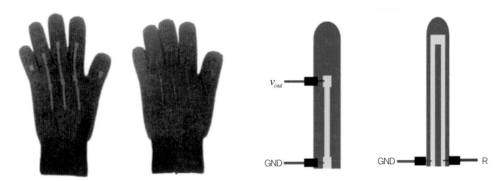

그림 3-12 은코팅사로 편직된 데이터 글러브(좌), 스트레인 센서 디자인(우)

(출처: https://jkros.org/xml/26074/26074.pdf)

그림 3-13 생체신호 모니터링용 전도성 니트 센서 TATSA

(출처: DOI: 10.1126/sciadv.aay2840)

하기 위한 연구들도 다양하게 진행되고 있다. 2020년 보고된 한 논문에서는 탈부착이 가능하고 40회의 세탁이 가능한 생체신호 모니터링용 전도성 니트 전극 'TATSA'을 개발하였다(그림 3-13). 기존의 전도성 니트 기반의 압력센서는 전도성 니트에 센서가 부착되어 있는 형태로서 착용성과 관리용이성, 세탁성이 낮았으나, 'TATSA'는 전도성 니트자체가 센서 역할을 함으로써 웨어러블성과 세탁성 등이 향상되었다. 압력센서 'TATSA'는 압력감도가 매우 우수하여 빠르고 정확하게 생체 신호 감지 및 전달, 맥박 및 호흡신호를 센싱하여 심혈관계질환, 수면무호흡증과 같은 만성질환 개선에 도움을 줄 수 있다.

2018년 미국의 SIREN 사에서는 양말에 부착된 온도 센서를 활용해 당뇨 환자의

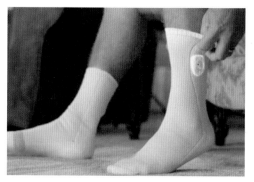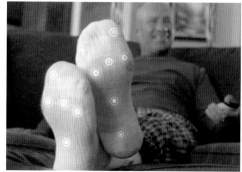

그림 **3-14** 스마트 양말 사이렌 다이아베틱 삭스(Siren Diabetic Sock)

(출처: http://jjy0501.blogspot.com/2018/03/blog-post_88.html)

건강 상태를 모니터링하는 스마트 양말 '사이렌 다이아베틱 삭스(Siren Diabetic Sock)'를 개발하였다. 당뇨 환자는 혈액 순환은 물론 감각 인지기능이 크게 저하하여 발에 생기는 문제를 쉽게 인지하지 못한다는 점에서 착안하여 개발되었으며 기존에 출시된 당뇨환자를 위한 스마트 양말은 압력센서 시스템을 기반으로 하는 반면 '사이렌 다이아베틱 삭스'는 온도감지 시스템을 활용하여 염증 반응을 파악한다. 이는 스마트폰의 어플리케이션과 연동되어 사용되며 배터리는 6개월간 사용이 가능하다(그림 3-14).

전극(Electrode)

전도성 니트 기반의 전극은 심전도(ECG, Electrocardiography), 근전도(EMG, Electromyography), 심박, 호흡, 체온, 모션 등의 인체정보를 모니터링(physiological monitoring)하기 위해 활발히 연구되고 있다. 일반적으로 표면 근전도를 위해 일회용 염화은 전극(Ag/AgCl electrode) 또는 금속 전극(metal electrode)을 이용한다. 일회용 전극은 의료용 접착제인 전해액(electrolytic gel)이 도포되어 피부에 부착할 수 있지만, 알레르기 및 피부 트러블 등을 발생시킬 수 있다. 이처럼 일회용과 금속 전극에서 존재하는 문제점을 개선하기 위하여, 전도성 섬유를 이용한 섬유 전극에 대한 연구가 진행되고 있다. 최근 섬유 전극은 저렴한 비용, 우수한 전도성, 그리고 부드러운 소재 특성으로 생체 신호를 측정하기 위한 웨어러블 디바이스, 재활의료장비 등의 다

 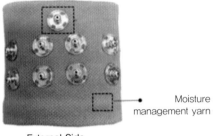 

External Side Moisture management yarn Internal Side

그림 3-15 웨어러블 다채널 니트 밴드

(출처: 이슬아 외(2018), 의수 제어용 동작인식을 위한 레어러블 밴드 센서, Journal of Korea Robotics Society, 13(4))

양한 분야에서 각광받고 있다. 그림 3-15는 2018년 발표된 논문에서 개발된 의수 제어용 동작 인식을 위한 웨어러블 밴드 센서이다. 다채널 니트 밴드 센서는 16전극으로 이루어진 8채널 센서와 32전극의 16채널 센서로 제작하였으며, 전도성과 비전도성 영역은 서로 간섭되지 않도록 인타샤 편직기법을 이용한 밴드 형태로 제작하였다. 기존의 일회용 또는 금속 전극과 다르게 니트 밴드 형태의 섬유 전극은 우수한 신축성으로 사용자의 착용감을 향상시키고, 의복과 같은 소재로 제작되어 세탁이 용이하고 우수한 통기성을 지닌다.

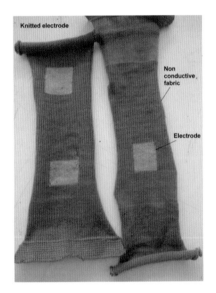

그림 3-16 전도성 니트 기반의 스마트 무릎보호대(kneecap)

(출처: https://doi.org/10.3390/engproc2022015003)

그림 3-16은 2022년 발표된 논문에서 개발된 전도성 니트 기반의 스마트 무릎보호대(kneecap)이다. 전도사로 전극을 편직한 전도성 니트를 무릎보호대에 부착하여 무릎에 미세한 전기적 자극을 주어 무릎관절의 통증 완화에 도움을 주도록 개발되었다. 전도성 니트의 특성에 의해 밀착성이 우수하여 착용자의 움직임에도 지속적이고 안정적으로 전기적 자극을 제공하는 데 효과적이다.

스마트 의류(Smart wear)

한국생산기술연구원 스마트텍스트로닉스센터는 발열체와 전극부분을 전도사로 편직하여 전도성 니트 기반의 '스마트 온열 니트웨어'를 개발하였으며 이는 약 40℃까지 발열된다. 복부와 허벅지를 커버할 수 있는 쇼츠 형태로 디자인하였으며, 스톨 사의 컴퓨터 횡편기를 사용하여 이중우수에 의한 편직기법에 의해 복부 부분에서만 발열이 일어날 수 있도록 허벅지 부분과 독립적으로 편직하였다(그림 3-17). 피트니스 및 재활용품을 개발하는 미국의 KITT에서는 착용자의 모션을 세밀하게 추적하기 위해 전도성 니트 기반의 스마트 무릎 슬리브를 개발하였다. 전도성 니트의 장점인 유연성과 웨어러블성에 의해 무릎관절에 밀착되어 환자들의 재활치료나 운동선수들의 활동

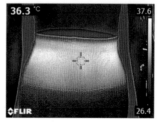

그림 3-17 전도성 니트 기반의 스마트 온열 니트웨어

(출처: 한국생산기술연구원)

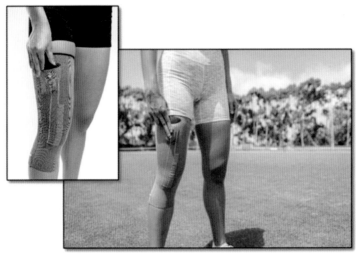

그림 3-18 전도성 니트 기반의 스마트 무릎 슬리브(sleeve)

(출처: https://www.innovationintextiles.com/smartx-project-for-footfalls-heartbeats/)

그림 3-19 홀가먼트 전도성 니트 기반의 스마트 장갑

(출처: https://www.textileworld.com/textile-world/features/2020/05/innovations-in-knitting-2/)

모니터링용으로 사용된다(그림 3-18).

자동 횡편기 제조회사 스톨과 전자제품 제조회사 BOSCH GmbH와의 협업으로 제작된 홀가먼트 전도성 니트 기반의 스마트 장갑은 손가락 끝에 센서가 부착되어 있어 정확한 위치를 감지할 수 있고 우수한 쾌적성을 가진다(그림 3-19). 장갑 착용 시 손가락의 움직임에 따라 기계와 상호작용이 가능하며 가상현실 애플리케이션을 위한 움직임 감지와 재활을 위한 헬스케어로 적용 가능하다.

컴퓨터 횡편기를 활용한 전자섬유 디자인 및 설계

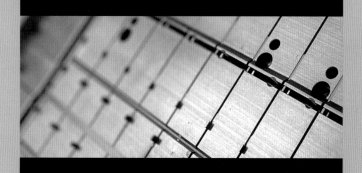

4.1 컴퓨터 횡편기의 구조

본 교재에서 전도성 편직물 제작에 사용되는 컴퓨터 횡편기는 스톨(STOLL) 사의 Flat Bed Knitting Machine(CMS 330 HP W TT sport, STOLL, Germany)으로, 장비의 기본 구성요소는 그림 4-1과 같다. 이 장비는 Double flat bed 구조이며 1개의 캐리지(carriage)로 작동한다. 10게이지 장비로 총 바늘 침수는 359개로 구성되며 36″/91 cm의 니들 베드 폭을 가진다. 횡편기의 CPU는 EKC 운영체제로서 플레이팅(plating), 인타샤(intarsia)와 멀티쉘(multishell) 기술을 통해 부분적인 신축, 압박 및 성형이 가능하고 기능성 원사를 통해 스포츠 신발의 외피와 같은 고성능이 요구되는 제품에 사용된다.

컴퓨터 횡편기는 원사 공급 장치와 원사의 장력을 조절하는 장치가 장비의 상단에 위치하고 원사는 페더(feather) 센서가 있는 원사 공급 롤러를 통과하여 우수(yarn feeder)의 구멍(hole)을 지나 그리퍼(gripper)가 원사를 잡고 커터(cutter)가 실을 잘라

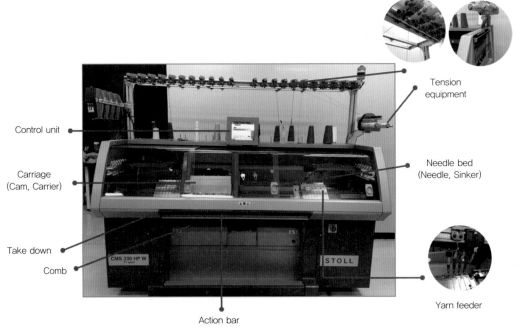

그림 **4-1** 컴퓨터 횡편기의 구조

그림 **4-2** 니들 베드와 우수(일반 우수, 인타샤 우수)

준다. 우수는 필요에 따라 일반 우수와 인타샤 우수 등으로 교체가 가능하다. 우수 넘버에 따라 일반 우수의 굽힘각이 다르게 사용되는데, 우수 넘버가 양끝에 있을수록 우수의 굽힘각이 커진다. 캐리지와 캐리어의 자성은 편직 시 우수를 횡편으로 이동시키고 편직을 조절한다. 횡편기의 중앙에 위치한 91 cm 폭 니들 베드(needle bed)에는 횡편기 전용 바늘이 내장되어 있어 공급 원사를 갖는 우수가 이동하면 편직 명령에 따라 해당 니들이 원사를 편직하는 역할을 수행한다.

　장비 내부에는 랙킹(racking), 콤(comb)과 테이크다운(take-down)이 위치하며 메인

표 **4-1** 우수 넘버에 따른 우수의 종류 및 스펙

우수명	STOLL CMS YARN FEEDER BOW (COMPLETE) E5 1+8 (HP) DX 243935	STOLL CMS YARN FEEDER BOW E5 2+7 (HP) DX 243934	STOLL CMS YARN FEEDER BOW E5 3+6 (HP) DX 243933	STOLL CMS YARN FEEDER BOW E5 4+5 (HP) DX 243932	STOLL Int. yarn carrier carriage e10–14 4+5
우수 이미지					
비고	우수 넘버 1 혹은 8에 위치	우수 넘버 2 혹은 7에 위치	우수 넘버 3 혹은 6에 위치	우수 넘버 4 혹은 5에 위치	인타샤 우수

테이크다운과 보조 테이크다운으로 나뉘고 편직물의 규칙적인 루프 형성을 가능하게 하기 위하여 롤러로 편직물을 감아 일정 토크 작동과 일정 속도 작동으로 지속적인 테이크다운이 진행된다.

장비의 상단에는 컨트롤 유닛(control unit)이 있어 편직 명령을 입력 및 수행하고, 이는 편직을 위한 모든 준비의 마지막 단계이다. 편직을 시작하기에 앞서 장비의 중앙에 위치한 빨간색 액션 바(action bar)를 두손으로 잡고 앞으로 당기면 편직이 진행된다. 완성된 편직물은 중앙의 슬라이드(slide)로 추출되고 장비는 멈추게 된다.

스톨 사의 컴퓨터 횡편기는 일반적으로 M1 Plus 소프트웨어로 편직 디자인을 할 수 있고, 최근 CPS®(Create Plus Software) 소프트웨어가 개발되어 2D의 편직 프로그램을 3D Digitization하고 있다. 편직 프로그램을 DXF 확장자로 프로세싱하여 3D CLO 등과 같은 3D 소프트웨어에서 구현이 가능하다.

4.2 　　　　전자섬유 제작을 위한 기본재료

(1) 원사

일반사

편물 기반의 전자섬유는 일반적으로 전도사와 일반사가 합사하여 편직된다. 일반사의 종류로는 나일론, 폴리에스터, 면, 레이온이 가장 많이 사용되며, 컴퓨터 횡편기에 적합한 원사의 굵기는 대표적으로 나일론 100d/2ply, 폴리에스터 120d/2ply이다. 보통 편직물에 신축성을 더하기 위해 커버링사를 함께 합사하여 사용하는데, 예를 들어 나일론 100d/2ply에는 커버링사 20/75를 사용한다.

전도사

일반적으로 횡편기에 사용되는 전도사는 독일 아만(AMANN, Germany) 사의 제품이 사용되고 있다. 아만사의 전도사는 일반적으로 섬유사(심사)의 표면을 은(Silver)으로 코팅한 제품들을 선보이고 있으며, 은이 코팅된 연속 필라멘트사 제품도 판매한다. 전도사 제작방법과 은 함량의 차이로 인해 전도사는 다양한 저항과 두께를 갖는다. 컴퓨터 횡편기에서 편직에 적합한 원사는 Silver coated polyamide/polyester hybrid thread로, 전도사가 유연하여 원사가 장비에 투입될 때에 파단현상이 적게 발생하고 다양한 일반사(Nylon, Polyester, Acryl 등)와 합사하여 편직해도 원사의 파단 혹은 완성품에의 문제 발생 확률이 적다. 반면 저항이 200 Ω/m 이하로 낮은 저항을 나타내는 Silver coated polyamide continuous filament(Silver-tech[+]) 전도사는 연속된 필라멘트사의 특성으로 인해 뻣뻣하고 원사가 횡편 장비에 투입시 말리는 현상이 발생하여 필요시에만 사용하기를 권장한다.

표 4-2 컴퓨터 횡편기에서 사용 가능한 전도사의 종류 및 상세 스펙

제품명	Silver coated polyamide/polyester hybrid thread	Silver-tech[+] Silver coated polyamide continuous filament
이미지		
바늘 사이즈(in No.)	11–14	11–14
저항	< 530 Ω/m	< 200 Ω/m
두께(Tex no.)	28	33

(2) 바늘

컴퓨터 횡편기에 사용되는 바늘(needle)은 장비의 니들 베드 특성에 따라 종류를 선택해야 한다. 장비마다 사용이 가능한 바늘이 정해져 있으며, 본 교재에서 사용하는 바늘은 'Groz-Beckert Vo-Spec 112.70-62 G02'이다. 바늘은 끝에 위치한 훅(hook)부터 래치(latch), 래치스푼(latch spoon), 스템(stem), 버트(butt), 테일(tail)로 구성된다. 횡편기의 바늘은 편직에 적합하지 않은 우수의 이동, 적절하지 못한 트랜스퍼 등과

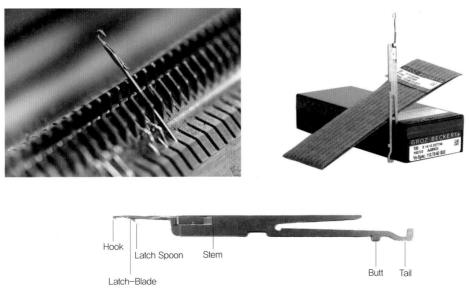

그림 **4-3** 니들베드에 장착된 니들(좌)과 횡편기 전용 니들(우)

같은 문제로 인해 일반적으로 바늘의 훅이 부러지는 현상이 발생한다. 바늘은 니들 베드 상단의 고정된 슬라이더를 렌치로 이동시켜 교체해야 한다.

4.3 전자섬유 제작방법

컴퓨터 횡편기에서 전자섬유를 제작하는 과정으로는 편직 소프트웨어에서 패턴 프로그램을 디자인하고 편직 데이터를 설정한다. 이후 프로세싱을 통해 편직 장비에서 편직이 가능한 확장자로 변환하고 편직 장비에서 원사를 준비하여 편직을 완료하는 과정을 거친다.

(1) STOLL CPS®(Create Plus Software) 소프트웨어 활용

STOLL CPS® 소프트웨어 기본 툴

CPS® 소프트웨어를 실행하면 그림 4-4와 같은 초기화면이 나타난다. 초기화면의 상단에 위치한 옵션에는 '새로운 패턴 프로젝트', '새로운 디자인 프로젝트', 니팅 요소 및 모듈을 만들 수 있는 '새 니팅 요소', '새로운 선 성형', 그레이딩(grading)으로 성형을 할 수 있는 '새로운 치수 성형 프로젝트'가 위치한다.

🖐 **실습 소프트웨어 실행 순서**

- 패턴 디자인을 실행하기 위해 '새로운 패턴 프로젝트'를 선택 → 프로젝트의 '이름'을 기입 → 기계 변경을 클릭하여 '기계 설정' → 니팅 테크닉의 '정 게이지' 선택 → 채우기 요소에서 '얀 칼라'를 선택(작업창의 기본 칼라) → '앞 스티치(트랜스퍼 있는)' 선택 → 원하는 '치수' 선택 → 콤 고무사는 '모듈' 선택 → 원하는 '고무단'을 선택(1×1 리브, 2×1 리브, 2×2 리브, 튜뷸라 등) → 시스템 수량은 '1시스템' 선택 → 스판사 '고무단 있음' 선택 → 면사 '면사 없음' 선택 → 'OK' 선택

  : 면사 포함: 테크니컬 칼라 #205에 별도의 우수가 사용됨
  : 면사 없음: 면사 단이 고무사 우수 #201로 편직됨

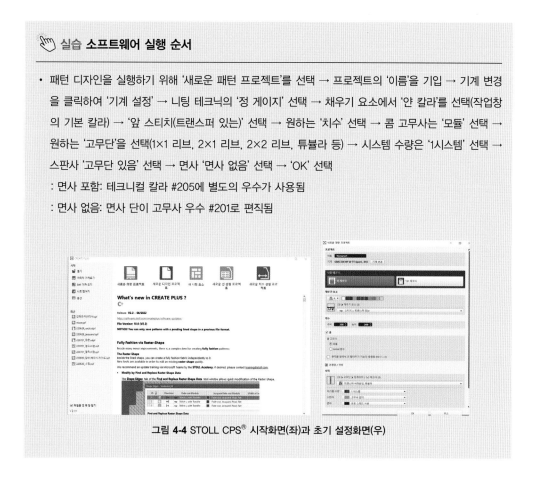

그림 4-4 STOLL CPS® 시작화면(좌)과 초기 설정화면(우)

STOLL CPS® 사용자 인터페이스

초기 화면의 '새로운 패턴 프로젝트'에서 설정값을 입력하면 CPS®의 사용자 인터페이스가 나타난다. 작업창의 상단에는 빠른 액세스 도구 모음, 리본, 그리기 도구 속성,

도구창, 작업창(심벌뷰), 상태표시줄로 구성되어 있으며, 이전에 입력한 '치수'가 작업창에 루프의 개수로 적용된다.

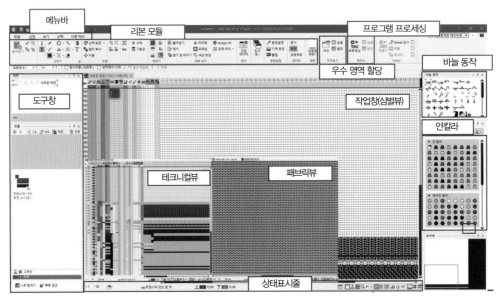

그림 **4-5** STOLL CPS® 사용자 인터페이스 창

STOLL CPS® 주요 실행 툴

'패턴 칼라'는 도구창 우측 상단에 위치하여 일반적으로 얀 칼라와 매거진 칼라를 설정하고, 이중우수를 설정할 때에 사용한다. 각각의 아이콘에 대한 기능 설명은 그림 4-6과 같다.

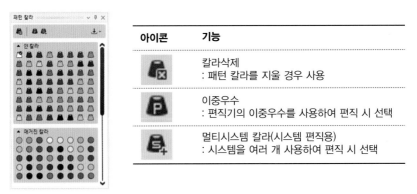

아이콘	기능
	칼라삭제 : 패턴 칼라를 지울 경우 사용
	이중우수 : 편직기의 이중우수를 사용하여 편직 시 선택
	멀티시스템 칼라(시스템 편직용) : 시스템을 여러 개 사용하여 편직 시 선택

그림 **4-6** 도구창의 '패턴 칼라' 상세 기능

'바늘 동작'은 편직하고자 하는 조직을 그리기 위한 스티치 도구 모음창으로 패턴 칼라의 상단에 위치한다. 기본적으로 작업창은 '트랜스퍼 있는 앞 스티치' 조직으로 적용되어 있으며, 원하는 응용 조직 설계를 위해 바늘 동작 창의 스티치 아이콘을 적절하게 사용해야 한다. 조직에 따른 스티치의 사용은 이후의 기본 조직 실습 파트에서 설명한다.

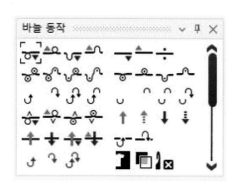

아이콘	기능	아이콘	기능
	편직(앞니팅, 뒷니팅)		터크(앞터크, 뒷터크)
	편직(트랜스퍼 없는)		터크(트랜스퍼 없는)
	쇼바리		앞니팅 뒷터크, 앞터크 뒷니팅
	스플리트(트랜스퍼 없는)		플로트
	자동 트랜스퍼(앞/뒤)		루프싱킹
	조직 트랜스퍼 기호		오도시(드롭 스티치 없는)
	오도시(코 떨어뜨리기)		

그림 **4-7** 도구창의 '바늘 동작' 상세 기능

STOLL CPS® 컨트롤 컬럼

컨트롤 컬럼은 패턴 프로그램을 작성할 때 라인번호, 캐리지 속도, 도목, 테이크다운 등 편직에 필요한 데이터들을 확인하거나 수정 시 사용된다.

: 아이콘에서 마우스 오른쪽 클릭 후, 사용자 정의 제어 열에서 아이콘 표시/숨기기 가능

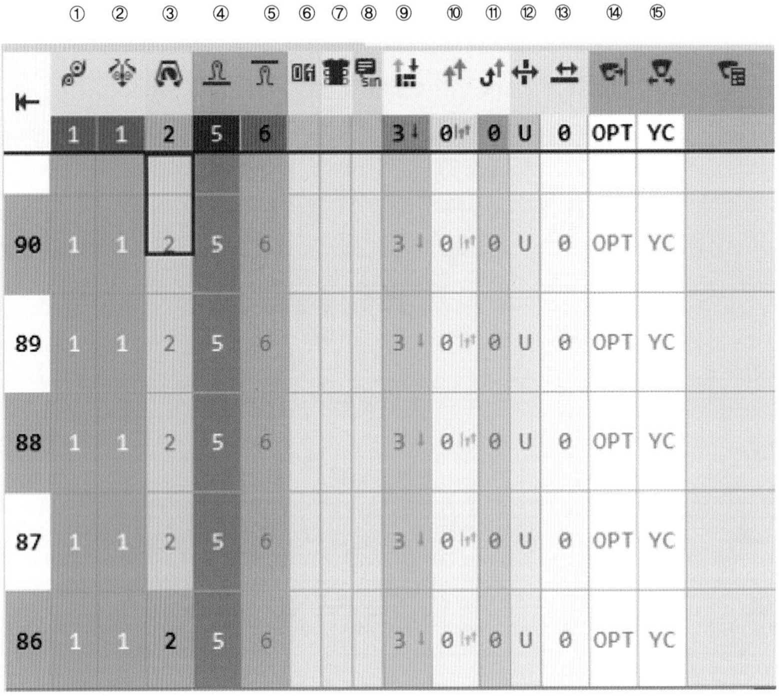

	①	②	③	④	⑤	⑥	⑦	⑧	⑨	⑩	⑪	⑫	⑬	⑭	⑮
	1	1	2	5	6				3↓	0↟	0	U	0	OPT	YC
90	1	1	2	5	6				3↓	0↟	0	U	0	OPT	YC
89	1	1	2	5	6				3↓	0↟	0	U	0	OPT	YC
88	1	1	2	5	6				3↓	0↟	0	U	0	OPT	YC
87	1	1	2	5	6				3↓	0↟	0	U	0	OPT	YC
86	1	1	2	5	6				3↓	0↟	0	U	0	OPT	YC

① 메인테이크다운   ⑦ 경계고정   ⑬ 래킹값
② 보조테이크다운   ⑧ Sintral 명령/Print   ⑭ 우수배열
③ 속도   ⑨ 트랜스퍼 서라운딩   ⑮ 우수수정
④ 앞도목   ⑩ 멀티 시스템 트랜스퍼링
⑤ 뒤도목   ⑪ 코 털어주기와 트랜스퍼
⑥ 사이클   ⑫ 래킹

그림 4-8 STOLL CPS® 사용자 인터페이스 창

캐리지 속도는 패턴에서 사용되는 캐리지가 움직이는 속도를 설정하는 컨텍스트 메뉴이다. 일반적으로 편직의 대부분을 차지하는 조직을 구성하는 표준 니팅의 속도를 확인해야 한다.

그림 **4-9** 캐리지 속도 컨텍스트 메뉴

도목은 다양한 패턴 파라미터 요소 중 루프의 길이를 설정한다.

그림 **4-10** 도목 컨텍스트 메뉴

STOLL CPS® 니트 탐색기

니트 탐색기는 사용자가 니트 편직 설계 시 다양한 조직 무늬를 쉽게 사용할 수 있도록 하는 모듈 모음창이다. 기본 조직인 리브단, 포인텔, 아란, 케이블 등과 멀티 게이지 왕침에 속하는 조직 모듈을 생성할 수 있다. 또한 니트 탐색기는 원단의 미리보기를 통해 실시간 조직 생성 현황을 확인할 수 있다.

 실습 **니트 탐색기 적용**

- 리본 탐색기 '니트 탐색기' 선택 → '내비게이션' 리본 → 다양한 니트 조직 모듈을 선택할 수 있으며 원하는 조직을 한 번 클릭 후, 작업창으로 돌아가면 왼쪽 상단의 '모듈'에 조직이 생성 → 생성 모듈을 작업창 내의 원하는 위치에 한 번 클릭하여 조직 생성 → 리본 미리보기의 '원단'을 클릭하여 실시간 조직 생성 현황 보기

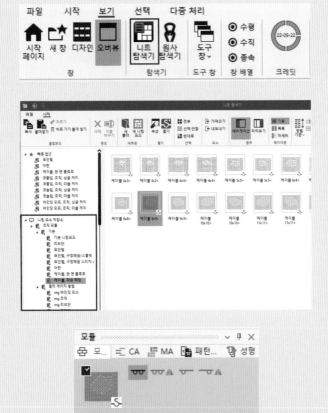

(계속)

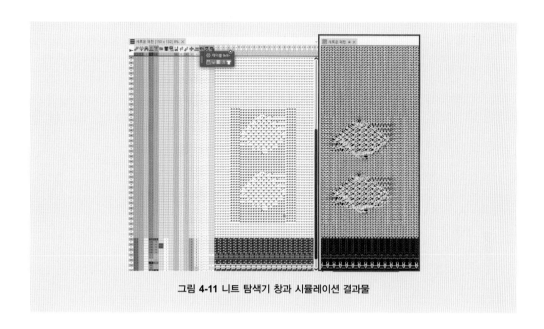

그림 **4-11** 니트 탐색기 창과 시뮬레이션 결과물

STOLL CPS® 작업창(심벌뷰)의 로우/컬럼 삽입

작업창은 위사방향의 '로우'와 경사방향의 '컬럼'으로 구성되어 있으며, 초기 편직물의 크기를 설정한 이후에 작업창에서 편직물 루프의 개수를 조정하기 위한 방법은 그림 4-12와 같다. 니트 설계 시 로우와 컬럼의 개수는 일반적으로 짝수형태로 루프를 추가 혹은 삭제한다.

👆 **실습 로우/컬럼 삽입 순서**

- 마우스로 위사(로우) 삽입을 원하는 구획 설정 → 키보드의 'Insert'를 클릭 후, 로우 삽입 화면에서 원하는 로우 수 입력 후 확인 → 마우스로 경사(컬럼) 삽입을 원하는 구획 설정 → 키보드 상 'Insert'를 클릭 후, 컬럼 삽입 화면에서 원하는 컬럼 수 입력 후 확인

(계속)

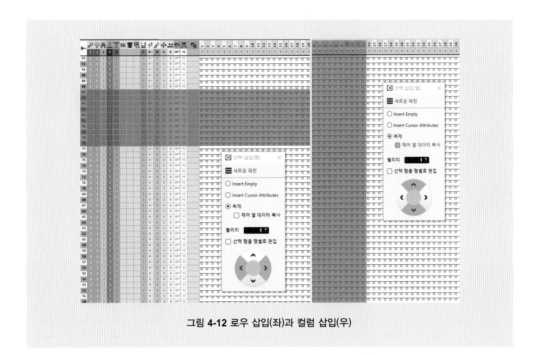

그림 **4-12** 로우 삽입(좌)과 컬럼 삽입(우)

(2) 컴퓨터 횡편기로 편직하기

컨트롤 유닛

편직 장비의 컨트롤 유닛(control unit) 화면 오른쪽 상단에 있는 '상위 운영자 시프트 1' 유저를 선택한다. 상위 운영자 유저의 비밀번호를 입력하게 되면 컨트롤 유닛의 모든 설정 제한이 비활성화된다. USB로 추출한 편직 프로그램을 장비 컨트롤 유닛에 송출하기 위해서는 컨트롤 유닛 화면 중간의 '설정 작업'의 '새 주문 생성' 탭을 선택한다. USB에 내장된 파일의 위치를 검색 후 선택하면 컨트롤 유닛 창 화면에 작업 파일이 생성된다. 그림 4-14를 예로 'CMS330W.plainknitting' 파일의 '생산 시작' 탭을 선택하면 해당 파일에 대한 편직 설정(테이크다운, 속도, 도목 등)이 가능하고 편직을 시작하기 위해 장비 전면의 중간에 있는 컨트롤 바를 조심스럽게 올려준다.

그림 **4-13** 편직 장비의 컨트롤 유닛창

그림 **4-14** 컨트롤 유닛의 셋업패턴창(좌), 도목 설정화면(중), 속도 설정화면(우)

원사 주입하기

원사 주입은 편직에 사용하는 원사를 장비의 상단에 위치한 장력 조절 장치에서부터 우수의 홀에 걸어주기까지 시간이 소요되는 과정이다. 원사를 주입하는 과정에서 장비의 도어를 열어야 하기 때문에 캐리어가 움직이지 않도록 액션바는 절대 사용해서는 안 된다.

- 사용할 원사(콘)가 겹치지 않도록 장력 조절 장치 아래에 배열 → 각 원사를 고리에 걸어주기 → 장력 조절 장치 휠에 원사를 통과 → 횡편 장비의 우측에 위치한 실 걸이에 원사를 걸어주기 → 훼더 휠을 지나 롤러에서 원사 지나가기 → 우측의

장력 조절 장치 홀을 모두 통과한 원사를 우수레일에 걸어주기 → 우수의 홀에
원사를 통과시켜 그리핑(gripping) 앤 커팅(cutting)

  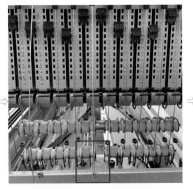

그림 4-15 원사 주입 가이드

4.4 다양한 조직 제작 실습

(1) 편직물의 기본 조직 제작

편직물은 개별적인 루프의 연결로 인해 조직 형성에 다양성을 제공한다. 편직물의 조직을 어떻게 구성하느냐에 따라 직물의 기계적 특성이 달라지며, 이는 편직물 기반 전자섬유의 전기적 특성에도 영향을 미치게 된다. 편직물의 대표적 조직인 평편 (plain stitch), 펄편(purl stitch), 인터록(interlock stitch), 턱편(tuck stitch), 밀라노(milano stitch) 조직을 CPS® 소프트웨어를 이용하여 패턴 디자인을 구현하고, 편직에 적합한 도목과 테이크다운의 설정을 통해 전도성 편직물을 제작하고자 한다.

🖐 실습 바인딩 엘리먼트(바늘 동작)를 통한 조직 디자인

1. 평편
- 새 패턴창 생성 → 바인딩 엘리먼트(바늘 동작)의 '앞 스티치(트랜스퍼 있는)' 🔳 아이콘 선택 및 얀 칼라 컬럼의 화이트 색상 선택 → 작업창(심벌뷰)에서 드래그 앤 드롭으로 루프를 생성

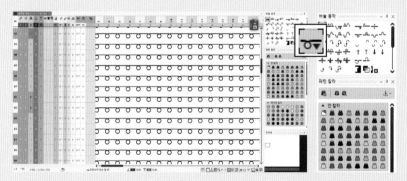

그림 **4-16** CPS® 실행화면(좌), 바인딩 엘리먼트(바늘 동작)와 얀 칼라 컬럼(우) – 평편 디자인

2. 펄편
- 새 패턴창 생성 → 바인딩 엘리먼트(바늘 동작)의 '앞 스티치(트랜스퍼 있는)' 🔳 아이콘 선택 및 얀 칼라 컬럼의 화이트 색상 선택 → 작업창(심벌뷰)에서 코스(course) 방향으로 드래그 앤 드롭하여 루프를 생성(row 1, 2) → '뒤 스티치(트랜스퍼 있는)' 🔳 아이콘 선택하여 두 줄씩 번갈아가며 입력

(계속)

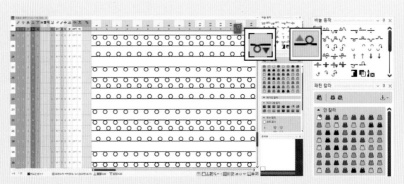

그림 **4-17** CPS® 실행화면(좌), 바인딩 엘리먼트(바늘 동작)와 얀 칼라 컬럼(우) - 펄편 디자인

3. 인터록

인터록 조직은 트랜스퍼가 없는 조직으로 편직한다.

- 새 패턴창 생성 → 바인딩 엘리먼트(바늘 동작)의 '앞 스티치(트랜스퍼 없는)' 아이콘과 '뒤 스티치
  (트랜스퍼 없는)' 아이콘을 코스방향으로 번갈아가며 루프를 생성 → 상단의 row에서는 반대 순서로
  루프를 생성 → row 1과 2를 선택하여 CTRL + C(복사하기) → 작업창에 드래그 앤 드롭으로 붙여넣기

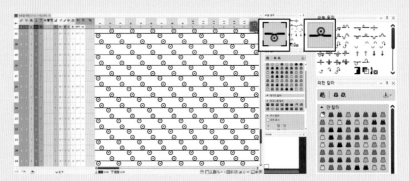

그림 **4-18** CPS® 실행화면(좌), 바인딩 엘리먼트(바늘 동작)와 얀 칼라 컬럼(우) - 인터록 디자인

4. 턱편

- 새 패턴창 생성 → 바인딩 엘리먼트(바늘 동작)의 '앞 스티치(트랜스퍼 있는)' 아이콘과 '앞 터크(트
  랜스퍼 있는)' 아이콘을 코스방향으로 번갈아가며 루프를 생성 → 상단의 row에서는 반대의 순으로
  루프를 생성 → row 1과 2를 선택하여 CTRL + C(복사하기) → 작업창에 드래그 앤 드롭으로 붙여넣기

(계속)

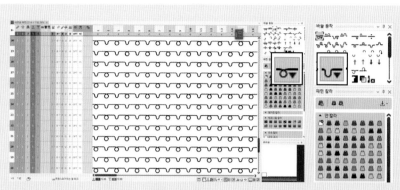

그림 **4-19** CPS® 실행화면(좌), 바인딩 엘리먼트(바늘 동작)와 얀 칼라 컬럼(우) − 턱편 디자인

5. 밀라노

- 새패턴창 생성 → 바인딩 엘리먼트(바늘 동작)의 '앞 스티치(트랜스퍼 없는)' ⬕ 아이콘을 row 1의 코스 방향으로 루프 생성 → '뒤 스티치(트랜스퍼 없는)' ⬕ 아이콘을 row 2의 코스방향으로 루프 생성 → '쇼바리' ⬕ 아이콘을 row 3의 코스방향으로 루프 row 1, 2, 3을 선택하여 CTRL + C(복사하기) → 작업창에 드래그 앤 드롭으로 붙여넣기

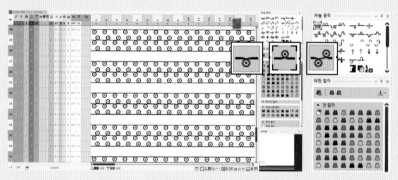

그림 **4-20** CPS® 실행화면(좌), 바인딩 엘리먼트(바늘 동작)와 얀 칼라 컬럼(우) − 턱편 디자인

(2) 우수 영역 할당

편직 패턴을 설계하기 위해서는 '얀 칼라' 컬럼에서 각각의 원사를 컬러별로 구분하여 우수를 설정할 수 있다. 편직의 편의성을 위해 '얀 칼라'의 컬러를 하나의 우수로서 사용한다. 원사 우수는 원사 우수 레일에 자동으로 할당되며 선택적으로 패턴 디자인 구역에 따라 우수 넘버를 지정 및 배치가 가능하다.

1. 우수 영역 할당

- 리본 모듈의 '우수 영역 할당'의 '우수' 아이콘 선택 → 상단 모듈의 '우수 표시' 선택하여, 우수작업화면으로 이동

그림 4-21 우수 영역 할당을 위한 '우수' 영역창

- '사용 가능한 원사 및 우수' 탭이 활성화된 '우수' 도구창은 자동적으로 할당된 우수 레일을 나타낸다. 일반적으로 우수에 대한 설정이 되어 있지 않으면 도메 영역이 패턴의 전체를 커버하는 경우에는 일반 우수가 적용되고, 전체가 아닌 부분적으로 사용되는 경우에는 인타샤 우수가 자동으로 배치된다. 본 교재에서 사용된 횡편 장비인 STOLL CMS 330 HP W TT SPORT는 좌우로 각각 8개의 우수 넘버를 갖는다. '우수레일'은 좌측과 우측에 사용된 우수 유형과 해당 색상의 사양이 있는 우수 레일의 그래픽을 표시한다.

- 편직 시 고정적으로 원사를 세팅하는 우수는 레일의 왼쪽 1, 2번과 오른쪽 8번이며, 1번은 고무사, 2번 분단사, 8번은 면사(버림편)를 위치시키는 게 일반적이다. 분단사는 횡편 장비에서도 고무사와 분단사의 위치를 동일하게 배치한다. 분단사 우수는 면실(버림편) 짜는 실과 몸판의 도메 거는 실이 동일한 경우, 도메 바로 밑의 실을 tubular 조직으로 마지막 단의 한쪽을 자르면 도메 부분과 면사(버림편)가 분리되는 우수를 의미한다. 고정적인 위치의 우수 외에 도메(패턴 디자인 구역)는 우수 넘버 3번부터 배치 가능하며 우수 색상에 따른 우수의 위치 지정이 자유롭다. 하지만 일반적으로 우수의 할당은 패턴 구역이 가까운 순서대로 배치하는데, 예를 들어 2개의 얀 칼라가 사용된 우수는 우수 넘버 3번과 4번을 연속적으로 사용한다.

- 우수의 유형에는 자동, 일반, 인타샤, 더블 암, 더블 아일렛, 가변 이중우수너비+/−(Ua/b), 일반 2+/−(Ua/b), 서클 원사Q로 분류되며 각각의 유형은 편직의 사양을 결정짓는다. 일반우수는 일반 편직 시에 사용하고, 인타샤는 장비 내에 인타샤 우수가 세팅된 우수에만 사용하지만 일반조직 편직 시에도 사용이 가능하다. 더블 암은 우수집 1개에 우수대가 2개 달려 있어 뒤에 따라오는 실의 거리를 조정할 수 있는 우수이다. 이중우수 편직기법이 필요한 경우는 가변 이중우수너비+/−(Ua/b) 혹은 일반 2+/−(Ua/b) 우수를 선택한다. 우수 작업 화면에서 우수 할당 완료 → 나가기 → '레일할당' 아이콘 선택 → 적용 후 닫기

- '우수' 도구창을 열지 않은 상태에서 "Ctrl + Alt + F4"로 설정해 놓았던 우수 데이터를 초기화할 수 있다.

2. 색상 파라미터

- 색상 파라미터 테이블 내에서 패턴(색상 영역)에 사용되는 얀 칼라에 대해 사전 설정을 할 수 있다. '우수' 도구창 내에서 색상 파라미터 설정이 가능하고 작업창의 디자인 패턴에 사용된 얀 칼라의 각 색상에 대한 영역이 색상 파라미터 테이블에 생성된다.
- 사전 설정 요소에는 우수 들어오기와 나가기, 색상의 시작 방향 변경(우수), 색상의 시작 또는 끝에 매듭 또는 바인딩, 경계면 처리 등이 있다.

표 **4-3** 색상 파라미터 설정 요소

모듈 구분	상세 설정 요소
붉은색	우수 들어오기 설정 컬럼
노란색	우수 나가기 컬럼
초록색	인타샤 바인딩 컬럼
파란색	경계면 처리
분홍색	멀티 게이지 및 클램프 설정

그림 **4-22** 인타샤 우수와 일반 우수가 세팅된 이미지

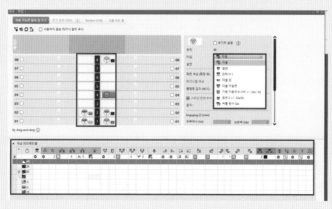

그림 **4-23** '우수' 도구창의 우수 레일과 우수 유형 및 색상 파라미터 화면

(3) 셋업 데이터 설정

편직물은 사용되는 원사의 종류 및 직경, 단사와 합사의 유무, 루프 밀도 등과 같은 물리적 특성과 편성 형태, 편기의 형상, 사용 편침 및 게이지의 특성 등 다양한 영향으로 샘플에 따라 편직에 적합한 조건을 설정해야 한다. 편직 구성 특징을 파악하고 제작자의 의도와 경험을 통해 설계조건을 변경해야 하는데, 조직에 따른 설계 해석적 측면과 패턴 파라미터의 요소인 테이크다운(take-down) 산출, 표준 루프 길이에 대한 도목의 변화, 편직 속도, 래킹 등을 고려해야 한다.

• 화면 상단의 리본 모듈 내에 '셋업 데이터' 선택

그림 4-24 셋업 데이터 리본창

테이크다운(Take-down)

편직물의 규칙적인 루프 형성을 가능하게 하기 위하여 테이크다운 롤러의 회전으로 편직물이 감기게 되고 일정토크 작동과 일정속도 작동으로 지속적인 테이크다운이 진행된다. 테이크다운은 메인 테이크다운과 보조 테이크다운으로 설정값을 기입하며, 원사의 특성에 따라 원하는 값을 선택하고 제어 열에 입력한다.

• 메인 테이크다운(Main Take-down, WMF) 기본설정

메인 테이크다운(WMF)을 설정하기 위해서 '셋업 데이터'의 '테이크다운' 탭을 선택하는 방법과 '작업창(심벌뷰)'의 '문서창' 📠에서 🔧 '메인 테이크다운(WMF)' 제어 열에 마우스 커서를 놓고 'RMB'를 선택하여 컨텍스트 메뉴(팝업 혹은 바로가기 메뉴)를 선택하는 방법이 있다. 침수에 따라 변하지 않을 때의 원단 테이크 다운 값을 의미하는 'WM', 'WM min', 'WM max'의 값을 변경한다. 테이크다운 설정값은 편직물 샘플을

여러 번 내린 후, 편직 상태를 확인하면서 설정값을 기존의 값으로 유지할 것인지 혹은 변경할 것인지를 선택해야 한다. 테이크다운 열 레이블의 '설명'에서 나타내는 패턴 구역을 확인하여 각 구역에 적합한 값을 입력한다.

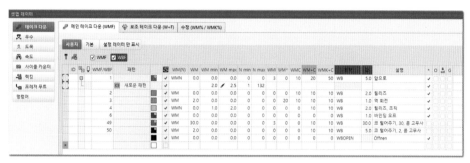

그림 4-25 '메인 테이크다운(WMF)' 패턴 파라미터 설정창

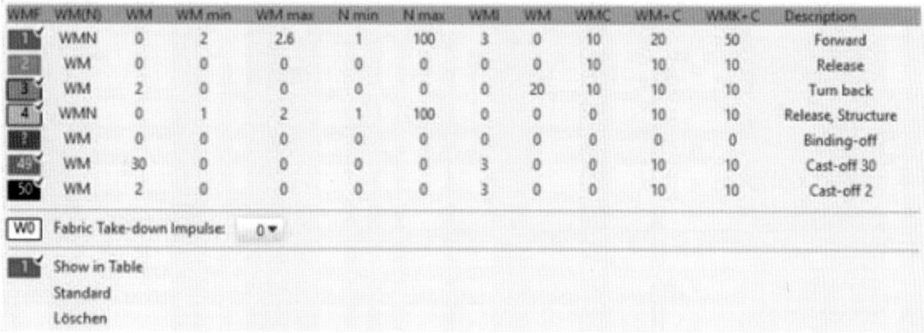

WMF	WM(N)	WM	WM min	WM max	N min	N max	WMI	WM	WMC	WM+C	WMK+C	Description
1	WMN	0	2	2.6	1	100	3	0	10	20	50	Forward
2	WM	0	0	0	0	0	0	0	10	10	10	Release
3	WM	2	0	0	0	0	0	20	10	10	10	Turn back
4	WMN	0	1	2	1	100	0	0	0	10	10	Release, Structure
	WM	0	0	0	0	0	0	0	0	0	0	Binding-off
49	WM	30	0	0	0	0	3	0	0	10	10	Cast-off 30
50	WM	2	0	0	0	0	3	0	0	10	10	Cast-off 2

W0	Fabric Take-down Impulse:	0 ▾
1	Show in Table	
	Standard	
	Löschen	

그림 4-26 '메인 테이크다운(WMF)' 컨텍스트 메뉴 화면

• 보조 테이크다운(Auxiliary Take-down, W+F) 기본설정

기본적으로 '보조 테이크다운(W+F)' ✿ 제어 열 'W+F (1)'의 값이 자동적으로 설정되고, 레이블의 'W+' 닫음/열기 설정을 통해 보조 테이크다운을 활성화/비활성화할 수 있다. 보조 테이크다운 사양을 설정하기 위해서 메인 테이크다운의 설정값 테이블 열기와 같은 방법으로 실행 가능하며, 기본적인 편직에서는 기타 변수를 설정하지 않는다.

그림 **4-27** '보조 테이크 다운(W + F)' 패턴 파라미터 설정

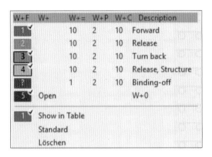

그림 **4-28** '보조 테이크다운(W + F)' 컨텍스트 메뉴 화면

• **도목**(Stitch Length)

도목 🐏은 다양한 패턴 파라미터 요소 중 루프의 길이를 설정하는 것으로 도목값 설정 실행방법은 '셋업 데이터'의 '도목' 탭을 선택하는 방법과 '작업창(심벌뷰)'의 '문서창' ▦에서 '앞 도목(NPv)'🐏/'뒤 도목(NP^)' 🐏 제어 열에 마우스 커서를 놓고 'RMB'를 선택하여 컨텍스트 메뉴(팝업 혹은 바로가기 메뉴)를 선택하는 방법이 있다. 도목값은 테크니컬 처리 전에 변경해야 하는데, 도목의 크기가 클수록 편직물은 성 글어지며, 도목의 크기가 작을수록 편직물은 단단해진다. 일반적으로 싱글 저지 조직 은 도목값 11.00~12.00의 값을 갖는다. 이중우수의 신축성이 없는 편직물을 제작해 야 하는 경우는 도목값 8.50~9.00까지도 설정이 가능하다. 이처럼 도목은 원사의 종 류 및 다양한 물리적 특성을 고려하여 편직물이 파단되지 않고 우수한 품질로 편직 되기 위해 개별적인 설정이 필요하다.

'도목' 패턴 파라미터의 작업화면에서 'NP'는 스티치 길이 할당을 위한 인덱스를 표 시하고 'PTS'는 부분 도목을 설정하는 '이중도목(NPJ)' 또는 '이중도목 활용(PTS)' 사양을 나타낸다. '이중도목(NPJ)'은 하나의 로우에 여러 조직이 혼합되어 있는 경우 부분별로 서로 다른 도목을 설정할 때 이중도목을 사용한다. '이중도목 활용(PTS)'에서 '='은 좌, 우 동일한 도목 변화 발생을 의미하고, '!'는 지정된 영역 안에 도목의 변화가 없음을 의미한다. 'E 7.2'는 선택한 기계의 게이지에 따른 스티치 길이 값을 설정하고 설명은 각각의 항목에 대한 세부사항을 나타낸다.

그림 **4-29** '도목(NP)' 패턴 파라미터 설정

그림 **4-30** '도목(NP)' 컨텍스트 메뉴 화면

• 속도(MSEC)

편직 속도는 우수의 횡방향으로의 이동 속도를 의미하며, '속도(MSEC)' 는 편직물의 최종 소요시간과 생산량에 영향을 미치는 요소이다. 이러한 이유로 편직 속도를 높게 설정하면 편직물의 파단, 루프의 절단 등 불량의 문제가 생기기 때문에 다양한 편직 조건들을 토대로 속도를 적절히 조정해야 한다. 기본적인 편물 조직의 표준 니팅 속도는 1.00 m/s의 속도를 권장하며, 본 교재의 전도성 원사를 사용한 전자섬유를 제작하거나 특수 목적으로 편물을 제작할 경우 편직물의 불량을 최소화하기 위하여 최소 0.70 m/s의 속도를 제안한다. 속도의 설정값은 속도 파라미터 내의 'm/s' 레이블에서 설정한다. 속도의 선택적 제어 열로는 '기계 감속(ML)' , '기계 정지(MS)' 가 있어 편직 상황에 맞는 설정이 가능하다.

셋업 데이터
테이크 다운
우수
도목
속도
사이클 카운터
랙킹
프레져 푸트
명령어
속도
가동 (MSECn)
사용자
기본
설정 데이터 만 표시
ID
MSEC
m/s
설명
MSEC0 0.80 표준 S0
MSEC1 0.00 표준 트랜스퍼링
2 0.70 표준 니팅
3 0.70 바인딩 오프
4 0.70 편직6
D 0.70 콤 고무사 1
D 0.70 콤 고무사 2

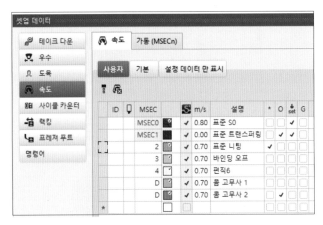

그림 4-31 '속도(MSEC)' 패턴 파라미터 설정

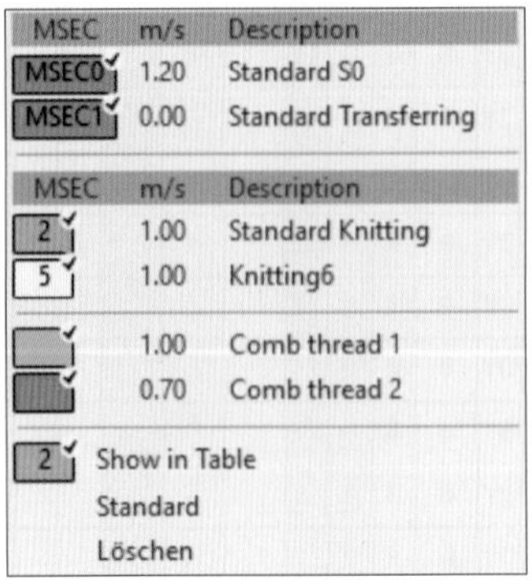

MSEC m/s Description
MSEC0 1.20 Standard S0
MSEC1 0.00 Standard Transferring
MSEC m/s Description
2 1.00 Standard Knitting
5 1.00 Knitting6
1.00 Comb thread 1
0.70 Comb thread 2
2 Show in Table
Standard
Löschen

그림 4-32 '속도(MSEC)' 컨텍스트 메뉴 화면

(4) 프로그램 프로세싱과 Sintral 검사

편직 디자인의 설정요소인 색상 파라미터와 편직 파라미터 설정이 완료된 후, 디자인한 프로그램을 프로세싱하여 장비가 인식할 수 있도록 추출 가능한 형태로 변환하는 작업이 필요하다. 프로세싱(패턴 전개) 🔧tec이 이루어지면 패브릭뷰와 테크니컬뷰를 확인할 수 있다.

🖑 **실습 프로그램 프로세싱과 Sintral 검사**

- 리본 모듈 '테크닉'의 '프로세싱' 아이콘 선택 → 테크니컬 처리의 성공 여부 확인을 위해 '심벌' 🔳 아이콘의 활성화를 확인 → 리본 모듈 'Sintral'의 'Sin 만들다' 🔧sin 아이콘을 선택하여 '신트럴 체크' 창의 'Start'를 선택

그림 4-33 프로그램 프로세싱 및 신트럴 검사 리본

- 편직 시뮬레이션에 이상이 없으면 신트럴 체크가 완료되고, 편직 결과(편직 단, 트랜스퍼 단, 스플릿 단, 공회전, WKT 단, 시스템 불러오기)와 편직시간을 나타낸다. '신트럴 체크' 창의 상단 '카운터(C)' 탭을 선택하여 소비 원사량을 우수별로 확인할 수 있다.

그림 4-34 프로그램 프로세싱 및 신트럴 검사 창

- 신트럴 검사 완료 후, '추출' 🔳 아이콘을 선택하여 기계에서 편직할 수 있는 zip 파일을 USB에 저장

CHAPTER

05

컴퓨터 횡편기를 활용한 전자섬유 제품의 제작 실습 및 특성 분석

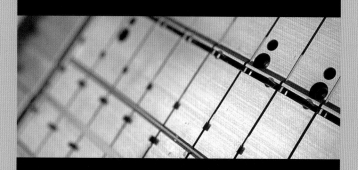

5.1   이미지 자카드 니트 제작 실습

(1) 자카드편(Jacquard Stitch)

자카드 조직은 서로 다른 조직, 색상, 무늬가 배열된 편성물을 총칭한다. 자카드편의 경우 그림 5-1과 같이 표면에는 무늬가 나타나는 반면 이면에는 무늬가 나타나지 않는다. 자카드 기법으로 편직하게 되면 두께감이 있으며 전선현상이나 컬업현상이 일어나지 않는다.

그림 5-1 자카드편의 예시

(출처: 좌–https://www.fashiongonerogue.com/sonia–rykiel–fall–2011–paris–fashion–week/2/,
우–https://eomisae.co.kr/te/57745029)

(2) 전도사를 이용하여 자카드 조직으로 편직 디자인하기

편물 기반의 전극은 특정한 사용 용도에 따라 크기와 모양에 있어 다양하게 디자인이 가능하다. 편물 전극은 신축성이 좋아 스트레인 센서로 이용이 가능하고 전도사 루프의 연결로 전선의 역할을 수행할 수 있다. 전극 무늬를 문자(character)로 디자인하여 다음 실습과 같이 편직을 진행한다. 실습에서는 기존의 문자(character) 이미지 샘플을 CPS® 소프트웨어의 편직 프로그램으로 변환하는 방법을 설명하였다. CPS®은 *.bmp/*.jpg/*.jpeg/*.jpe/*.jfif/*.gif/*.tiff/*.tif/*.png 이미지 확장자를 불러올 수 있다.

🖐 실습 이미지를 자카드로 편직하기

- 편직하고자 하는 이미지를 준비 → CPS® 소프트웨어 시작화면의 왼쪽 탭의 '이미지 가져오기' 선택→ 해당 이미지를 CPS® 시작화면의 '원본. 미리 감소된 색상 수' 창에 드래그 앤 드롭 → '이미지 속성' 창 내의 '대상의 색상 수'를 '2'로 설정 → '대상. 감소된 색상 수' 창에 편직 예정 이미지가 생성 → 시작화 면 상단 리본메뉴에서 '패턴 프로젝트 생성' 아이콘을 선택
  : '대상의 색상 수'를 '2'로 설정하여 전도사 편직 영역과 비전도사 영역으로 구분하여 진행

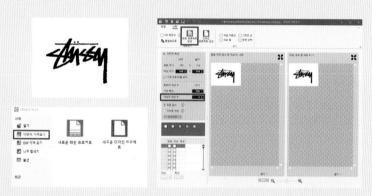

그림 5-2 자카드 편직할 이미지와 CPS® 시작화면의 '이미지 가져오기' 창 화면

- 편직 프로그램으로 생성된 심벌뷰 화면 전체를 선택 → 마우스 오른쪽 클릭하여 '선택에서 만들기' → '자카드' 선택 → '자카드 만들기' 창의 오른쪽 상단 '색상: 연달아/도목: 모듈에서 사용' 선택 → 창 하단 의 '자카드 설정: 자카드 왕침 튜뷸러' 선택 → 창 하단의 '자카드 만들기' 선택하고 나가기

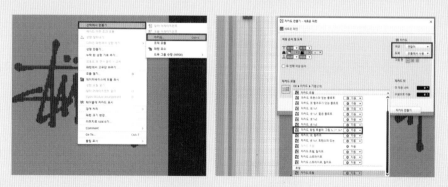

그림 5-3 자카드 만들기 창 화면

- '우수' 설정화면 열기 → '자동우수설정' 아이콘으로 우수 배치 → 패턴 프로세싱 → 프로세싱 리본에서 '원단' 선택하여 자카드 튜뷸러 원단의 '전면/후면' 편직 시뮬레이션 확인

(계속)

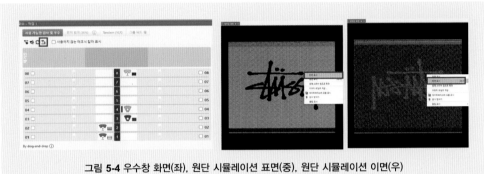

그림 5-4 우수창 화면(좌), 원단 시뮬레이션 표면(중), 원단 시뮬레이션 이면(우)

🖑 실습 이미지 자카드 편직 결과물

• 자카드 기법으로 편직 시 표면과 이면이 서로 다른 결과물을 나타낸다.

그림 5-5 자카드 편직물 표면(좌)과 이면(우)

<table>
<tr><td>**5.2**</td><td>인타샤 우수와 릴리패드를 활용한
LED 전도성 니트 편직 실습</td></tr>
</table>

소개

편직물은 전도사를 사용하여 편직 디자인하면 루프 간 엮임으로 인해 일반적인 전선의 역할을 수행할 수 있다. 본 실습에서는 전도사를 투입 후, 인타샤 편직기법으로 전선회로를 편직하여 전압을 인가하고 릴리패드와 LED 전구를 임베딩하여 전도성 니트를 제작한다.

그림 **5-6** LED를 활용한 선행연구 사례

(출처: https://sap.mit.edu/article/standard/new-faculty-leah-buechley, R&D Trend for E-textile, A Construction Kit for Electronic Textiles)

릴리패드와 LED 전구의 기본적인 연결방법은 그림 5-7과 같다. 전도사를 직렬 회로로 편직하고 릴리패드의 배터리홀더와 LED 전구를 전선의 양 끝부분에 위치시켜 전도사를 이용하여 손바느질로 고정시킨다.

그림 **5-7** LED 전도성 니트 회로

사용 재료

표 5-1 LED 전도성 니트 제작에 사용된 재료

구분	제품명	사진
코인셀 모듈	릴리패드 CR2032 코인셀 배터리홀더 모듈	
배터리	CR2032 직경 12 mm – 3 V 리튬 코인셀 배터리	
전도성 원사	silver coated polyamide/polyester hybrid thread (28 Tex, Amann, Germany)	
Led 전구	5 mm LED 발광 다이오드 램프 전구	
손바늘	38 mm 손바늘	

회로 디자인

편물 기반 전도성 회로 디자인은 직렬과 병렬방식으로 가능하다. 그림 5-8과 같이 CPS® 소프트웨어상에서 Design 1, 2, 3의 회로 디자인을 프로그래밍해 보고, Design 1 회로를 기계 편직하여 LED와 릴리패드 코인셀 모듈을 연결한다.

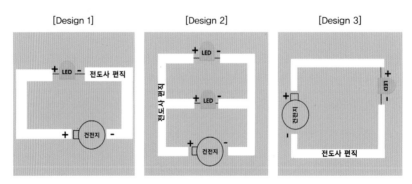

그림 **5-8** 회로 디자인 예시(직렬/병렬)

🖐 실습 LED 회로 패턴 프로그래밍하기

* LED 적용 전도성 니트는 편직물 자체에 두께감이 있어야 제작에 불편함이 없기 때문에 인터록 조직으로 편직한다. 인터록 조직은 기본 조직들과 달리 이중으로 편직되기 때문에 두께가 가장 두껍고 전단현상과 컬업현상이 발생하지 않아 안정적이다.

* Design 1 편직 패턴의 전체 사이즈를 132×136으로 설정 → 전선이 되는 부분은 전도사로 편직되므로 바탕과 다른 색상의 '얀 칼라'를 선택(왼쪽 'ㄷ' 회로: 파랑/오른쪽 'ㄷ' 회로: 핑크) → 인터록 조직으로 편성하기 위해, 인터록 조직 🔲을 그려주어 Ctrl + C/Ctrl + V로 전체에 적용
  : 회로 폭은 루프 8개로 디자인

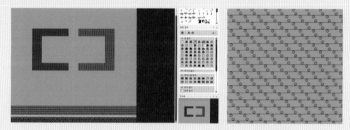

그림 **5-9** Design 1 회로(좌)와 인터록 조직 생성창(우)

🖐 실습 인타샤 생성하기

전도사로 편직되어야 하는 부분(회로)에 인타샤를 생성 및 편집하는 방법이다. 패턴 프로그래밍 시 회로의 얀 칼라를 다르게 사용하여 디자인하면 '우수 설정' 화면에서 자동적으로 사용되는 우수가 배치된다.

* '우수 설정' 화면 → 전도사 우수(우수 넘버 5, 6번) 설정 → 비전도사 우수(우수 넘버 3, 4, 7번) 설정 → 우수 넘버 3∼7번의 '우수 타입'을 '인타샤 1' 🛡로 설정 후 나가기 → 적용 후 닫기

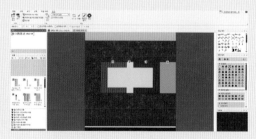

그림 **5-10** Desing 1 패턴 프로그래밍의 우수 설정 화면

실습 셋업 데이터 설정하기

- CPS® 작업창의 '셋업 데이터' → 테이크다운(메인 테이크다운, 보조 테이크다운) 값 확인 → 우수 설정
다시 확인 → 도목값 확인 → 속도 설정값 확인 및 변경

그림 **5-11** Design 1 회로 패턴 프로그래밍의 우수 설정

그림 **5-12** Design 1 회로 패턴 프로그래밍의 셋업 데이터 설정

🖐 실습 바인딩오프

바인딩오프(binding off)는 편직물의 최종 가장자리인 끝단을 마무리하는 성형 절차로, 바인딩오프를 실시하지 않으면 편직물 루프는 코스 방향으로 풀어지게 된다. 일반적으로 웨일의 마지막 루프에 인접한 스티치의 루프 위로 통과시켜 매듭을 짓는 방법이다.

- 작업창 상단의 '성형 편집' 툴 선택 → 라인 테이블 선택 → '스탭 미러'와 '미러 속성'을 활성화 → '좌측' 창의 맨 하단 성형 부분의 '기능' 바인딩 오프 선택 → '기능 사용가능 모듈' 선택의 '바인딩 오프, 기본 성형, 끝, 분단사 있음' 선택 → 상단 1, 2 성형부분의 '페이드 아웃 너비'의 8을 0으로 변경

그림 **5-13** Design 1 회로 패턴 프로그래밍의 셋업 데이터 설정

🖐 실습 패턴 프로세싱 및 USB 추출

디자인한 패턴을 장비에서 편직하기 위해서는 패턴 프로세싱 및 USB 추출을 진행해야 한다. 추출을 진행하게 되면 압축된 파일이 생성되는데, 하나의 편직 파일에 *.CFGX/*.SETX/*.SIN/*.BMP/*.JAC의 확장자가 USB에 저장된다.

- 작업창의 리본메뉴 프로세싱 완료 → 'Sintral 만들다' 완료 → 'Sintral 검사' 완료 → 추출 선택 → 편직 프로그램 파일 이름 변경

그림 **5-14** 패턴 프로세싱 및 USB 추출

실습 LED 전구 발광

• 편직이 완료된 전도성 니트의 'ㄷ'자 전선 사이에는 전도사가 횡편으로 연결되어 있으므로 전도사를 쪽가
위로 제거해야 한다. 인타샤로 편직 시 하나의 우수가 다른 우수를 지나면서 편직하는 경우, 다른 우수 편
직 부분에 턱(tuck)으로 지나가기 때문이다. 이후 상단의 'ㄷ'자 전선과 전선 사이에 LED 전구를 배치하고
전도사로 바느질하여 고정한다. 하단의 전선에는 릴리패드 코인셀 배터리 홀더를 +/- 방향에 맞춰 전도
사로 바느질하여 연결한다. 릴리패드 코인셀 배터리 홀더의 ON 버튼을 눌러 LED 전구에 전압을 인가한다.

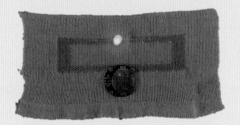

그림 **5-15** 전도성 니트 회로의 LED 전구 발광 결과물

5.3 이중우수를 활용한 니트 편직 실습

소개

이중우수(inverse plating)는 하나의 패턴에 2개의 우수가 함께 편직되는 기법으로 편

그림 **5-16** 이중우수 기법으로 편직한 샘플의 표면(전도사–좌)과 이면(면사–우)

직물의 표면과 이면을 독립적으로 편직하기 위하여 사용하는 편직기법이다. 스마트 의류 내에 전도성을 부여하기 위한 패턴을 디자인할 때 유용하며, 웨어러블성과 전기적 신호의 정확성을 높일 수 있다.

재료

표 5-2 사용 원사 종류 및 사양

사용 원사	사양	비고
전도성 원사	silver coated polyamide/polyester hybrid thread(28 Tex, Amann, Germany)	< 530 Ω
바탕 원사	면/아크릴 혼방사	–

편직 패턴 디자인

• 새 패턴창 생성 → 바인딩 엘리먼트(바늘 동작)의 '앞 스티치(트랜스퍼 있는)' 아이콘을 선택 → 작업창에 적용 → '패턴 칼라' 도구창의 '이중우수' **B** 아이콘을 선택 → '이중우수 색상' 도구창 형성 → 행 P1의 열 A와 B에 서로 다른 이중우수 색상(얀 칼라)을 할당

: 최대 네 가지 색상의 이중우수 설정이 가능하고, 이는 최대 4개의 우수로 편직이 가능한 장비여야 한다.

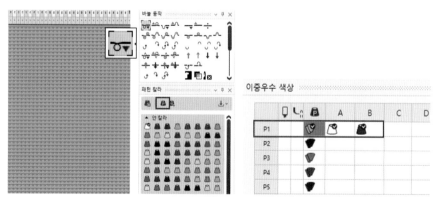

그림 5-17 이중우수 도구창 및 이중우수 설정 칼라

- '우수' 도구창 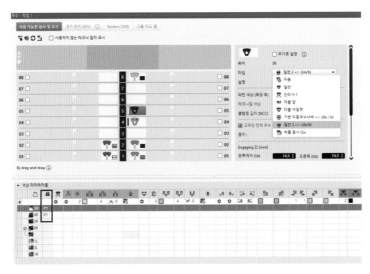 을 선택 → 상단의 '레일 할당' 아이콘을 선택하여 우수를 우수바에 자동적으로 할당 → 우측 상단의 우수 타입에서 '가변 이중우수너비 +/- (Ua/b)' 를 선택 → 이후의 '셋업 데이터' 설정값 변경 및 프로세싱, Sintral 검사는 앞선 니트 편직 실습과 동일하게 진행

  : '이중우수 색상' 도구창에서 적용된 이중우수 칼라에 대해 '우수' 도구창 하단의 '색상 파라미터 테이블'에 칼라 영역이 P1으로 표시된다.

그림 **5-18** 우수 도구창의 '우수타입' 설정 및 '색상 파라미터 테이블' 화면

5.4 자카드 편직기법을 활용한 전도성 니트 편직 실습

소개

자카드 편직기법을 통한 스마트 파워 바디수트의 디자인 콘셉트는 전도성 니트 직물을 일부에서 사용하여 에너지를 생성하고 저장하는 용도로 사용한다. 그림 5-19에 나타낸 선행연구에서 (a) 압전 패치는 신체 움직임을 전기 에너지로 변환, (b) 통신용

직물 안테나, (c) 전기화학적 에너지 하베스팅을 수행하고, (d) 에너지를 전달하는 리드를 3D 시뮬레이션으로 나타낸다. 본 니트 제작 실습에서는 스마트 웨어와 전자 디바이스 간의 전선 및 배선 역할을 할 수 있도록 전도사를 사용하여 응용된 편직을 실시한다.

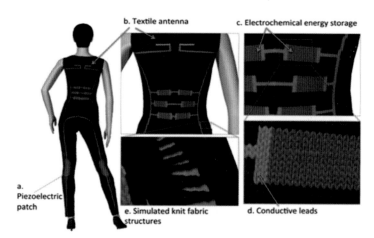

그림 5-19 편직 기반 전도성 회로의 선행연구

(출처: Jost, K., Dion, G., & Gogotsi, Y. (2014). Textile energy storage in perspective. *Journal of Materials Chemistry A, 2*(28), 10776–10787.)

재료

표 5-3 사용 원사의 종류 및 사양

사용 원사	사양	비고
전도성 원사	silver coated polyamide/polyester hybrid thread(28 Tex, Amann, Germany)	< 530 Ω
바탕 원사	면/아크릴 혼방사	–

회로 디자인

신체에 접촉하는 접촉 전극은 접촉 표면이 피부와 닿을 때 노이즈가 발생한다. 이에 접촉 전극의 노이즈를 최소화하기 위하여 자카드로 편직한 전극 및 전선을 표면(front)과 이면(back)에 선택적으로 디자인할 수 있다. 표면의 전극은 전도사가 편직되지 않고 전선 부분에만 전도사가 편직된다. 이면의 전극은 피부와 접촉하여야 하기 때문에 전도사가 표면으로 표출되며, 전선 역할을 하는 배선은 전도사가 편직되지 않는다. 그림 5-20과 같이 실습 디자인 예시를 통해 확인 가능하다.

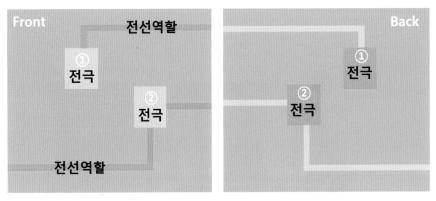

그림 **5-20** 자카드 기법 적용 실습 디자인 예시: 표면(좌)과 이면(우)

패턴 디자인하기

전극과 전선의 역할을 수행하는 부분은 전도사로 편직되므로 바탕조직과는 다른 색상의 '얀 칼라'를 선택하고, 바인딩 엘리먼트의 '앞 스티치(트랜스퍼 있는)'를 선택하여 심벌뷰 창에 적용한다. 우수의 사용이 제한적이기 때문에 A 파트와 B 파트는 동일한 로우에 겹치지 않도록 디자인해야 한다.

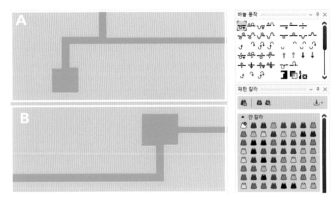

그림 **5-21** 자카드 기법 적용 패턴 디자인

자카드 생성

- 작업창 상단 '편집' 툴의 '자카드 생성과 편집' 선택 → '자카드' 도구창에서 '새 자카드' 선택 → '칼라 번호'에서 '우수연결' 선택 → '자카드 원단면'에서 사각형의 전극 부분을 '뒤'로 설정/그 외 부분은 '앞'으로 설정 → 자카드 유형은 'Stoll' → 'Net' → 'Net'을 설정하여 튜뷸러 자카드 생성 → '자카드' 도구창의 '적용' 선택 → '확인'을 클릭하여 자카드 생성 종료 → 이후의 '셋업 데이터' 설정값 변경 및 프로세싱, Sintral 검사는 앞선 니트 편직 실습과 동일하게 진행

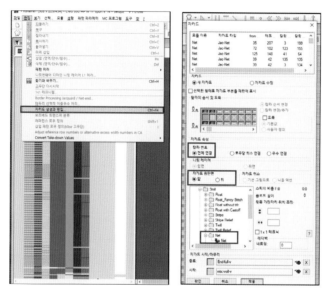

그림 **5-22** 자카드 생성 도구창 화면

- 자카드 생성이 완료되면 작업창(심벌뷰)에 전극과 전선 편직 부분의 자카드가 서로 다르게 형성된다. 전극 부분은 '자카드 원단면'에서 '뒤'를 선택하여 🔳 아이콘이 형성되고, 전선 부분은 '앞'을 선택하여 🔳 아이콘이 형성된다.

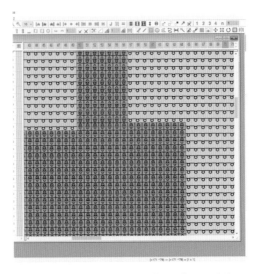

그림 **5-23** 자카드 생성 작업창(심벌뷰) 확대 화면

자카드 기법과 인타샤 우수를 활용한 편직 결과물

본 제작 실습 파트에서의 자카드 기법과 인타샤 우수를 사용한 전극과 전선의 편직 결과물은 그림 5-24와 같다.

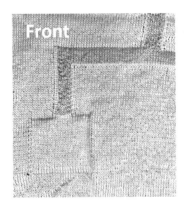

그림 **5-24** 자카드 기법 적용 전도성 니트 결과물

5.5
근전도 모니터링을 위한 전극-의복 일체형 전도성 니트 편직 실습

소개

웨어러블 기술이 접목된 생체신호 모니터링 시스템은 스마트섬유(smart textile), 전자섬유(electro fiber), 전자직물(electro textile) 등에 기반한 핵심기술 개발과 함께 헬스케어, 스포츠·피트니스 등 다양한 응용분야로 확대되고 있다. 웨어러블 기술에 전도성 소재를 이용하여 생체신호를 모니터링한 연구의 경우 노이즈 내성, 피부와 전극 간 접촉에 의한 임피던스, 동잡음에 대한 안정성 및 민감도가 요구되며, 이를 기반으로 근전도(Electromyography, EMG), 심전도(Electrocardiography, ECG), 뇌파검사(Electroencephalo-graphy, EEG) 등의 바이오센서로 전도성 전자섬유 및 직물형태의 전극개발이 진행되고 있다. 일반적으로 생체 신호 획득에 사용되는 염화은(Ag-Ag/Cl) 습식 전극은 우수한 신호 품질을 제공하지만 전극 접착물질로 인한 피부질환과 다회 사용으로 인한 전기적 물성 저하를 발생시키는 한계가 있다. 이러한 문제를 극복하기 위해 건식 전극의 개발이 요구되고 있으며, 이에 전극이 내장된 웨어러블형 생체신호 모니터링 의류를 설계 시 지속적인 생체신호를 측정하기 위해서는 일상생활에서 무자각적으로 착용이 가능하고 신호 품질에 영향을 적게 받는 시스템이 요구된다. 본 절에서는 편성물 고유의 뛰어난 신축성 및 유연성을 바탕으로 니트 전극의 다양한 조직을 설계하여 전극-슬리브 일체형의 근전도 생체 신호 모니터링 슬리브를 제작한다.

전극-슬리브 일체형 근전도 생체 신호 모니터링 니트 의류의 제작
패턴 설계

일반적으로 의복은 패턴 감소율(Pattern Reduction Rate, PRR)에 따라 신체에 가해지는 의복 압력이 달라진다. Kim et al.(2020)의 논문에서 EMG 신호 수집에 적합한 PRR이 30%임을 확인하여, 본 연구에서 슬리브 사이즈는 피험자(성별=여성, 나이=30

세, 키 = 168 cm, 몸무게 = 48 kg) 허벅지 사이즈의 30% 축소된 크기로 제작한다. 전극의 위치 선정을 위해 하지근육 중 대퇴직근(Rectus Femrois, RF)의 근전도를 측정하기 위한 전극의 위치를 디자인 및 설계하였다.

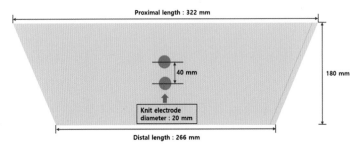

그림 5-25 전극-슬리브 일체형 근전도 생체 신호 모니터링 니트 슬리브 설계

(출처: Sora et al.(2022). Development of sleeve-integrated Knit electrode for surface EMG monitoring. Textile Science and Engineering, 59, 337–345)

이전에 '다양한 조직 제작 실습'편에서 편직의 네 가지 기본조직(평편, 인터록, 턱편, 펄편)을 프로그래밍해 보았다. 다시 한 번 표 5-4를 통해 조직별 루프 구성을 확인해 보자.

표 5-4 편직의 기본 네 가지 조직

편직 조직			
평편(Plain)	인터록(Interlock)	턱편(Tuck)	펄편(Purl)

재료

표 5-5 사용 원사의 종류 및 사양

사용 원사	사양	비고
전도성 원사	silver coated polyamide/polyester hybrid thread(28 Tex, Amann, Germany)	< 530 Ω
바탕 원사	면/아크릴 혼방사	–

👆 실습 편직 프로그램 패턴 설계하기

- 편직 조직에 따라 편직 완성물의 DC(Dimensional Change)는 코스방향과 웨일방향에 따라 서로 다르기 때문에 편직 프로그램에서의 루프 개수는 다르게 설정하여야 한다.

표 5-6 조직별 편직 프로그램의 크기 설정

루프의 개수	평편(Plain)	인터록(Interlock)	턱편(Tuck)	펄편(Purl)
코스 (Course)	380	340	316	384
웨일(Wale)	204	324	286	284

표 5-7 편직의 기본 네 가지 조직

편직 조직			
평편(Plain)	인터록(Interlock)	턱편(Tuck)	펄편(Purl)

👆 실습 인타샤 조직 생성하기

- '우수 설정' 화면 → 전도사 우수(우수 넘버 5, 6번) 설정 → 비전도사 우수(우수 넘버 3, 4, 7번) 설정 → 우수 넘버 3~7번의 '우수 타입'을 '인타샤 1' 🛡 로 설정 후 나가기 → 적용 후 닫기

👆 실습 성형하기

- 슬리브 형태는 상단의 Proximal length와 Distal length가 서로 다른 길이로 편직되어야 하기 때문에 편직 성형의 과정이 필요하다. 편직 성형은 슬리브 하단의 폭을 줄여 허벅지의 사이즈에 맞게 조절한다. 스탭성형으로 성형 치수를 기입하여야 하며, 수치 변경이 가능한 패턴창의 하얀 부분에 '높이 스탭'을 6, '너비 스탭'을 -1, '요소'는 33으로 설정하여 아랫단의 너비를 줄여준다.

(계속)

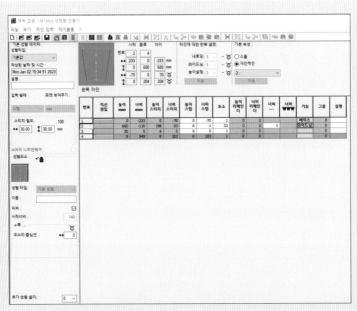

그림 5-26 전도성 니트 슬리브의 성형 편직창

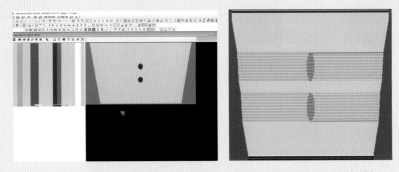

그림 5-27 전도성 니트 슬리브의 편직 프로그램 작업창(좌측) 및 프로세싱 화면(우측)

실습 셋업 데이터 설정하기

- CPS® 작업창의 '셋업 데이터' → 테이크다운(메인 테이크다운, 보조 테이크다운) 값 확인 → 우수 설정 다시 확인 → 도목값 확인 → 속도 설정값 확인 및 변경

(계속)

그림 5-28 전도성 니트 슬리브 패턴 프로그래밍의 우수 설정

그림 5-29 전도성 니트 슬리브 패턴 프로그래밍의 셋업 데이터 설정

(계속)

그림 5-29 전도성 니트 슬리브 패턴 프로그래밍의 셋업 데이터 설정

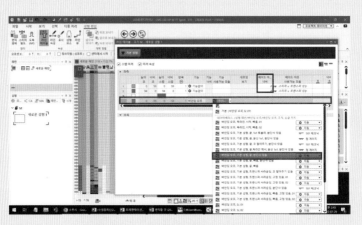

👆 실습 바인딩오프

• 작업창 상단의 '성형 편집' 툴 선택 → 라인 테이블 선택 → '스탭 미러'와 '미러 속성'을 활성화 → '좌측' 창의 맨 하단 성형 부분의 '기능' 바인딩 오프 선택 → '기능 사용가능 모듈' 선택의 '바인딩 오프, 기본 성형, 끝, 분단사 있음' 선택 → 상단 1,2 성형부분의 '페이드 아웃 너비'의 8을 0으로 변경

그림 5-30 전도성 니트 슬리브 바인딩오프 설정

🖐 실습 패턴 프로세싱 및 USB 추출

- 작업창의 리본메뉴 프로세싱 완료 → 'Sintral 만들다' 완료 → 'Sintral 검사' 완료 → 추출 선택 → 편직
프로그램 파일 이름 변경

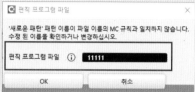

그림 **5-31** 패턴 프로세싱 및 USB 추출

🖐 실습 근전도 신호 모니터링을 위한 니트 슬리브 편직물

- 편직이 완료된 생체 신호 모니터링용 니트 슬리브를 봉제선에 맞춰 봉제한 후, 실험자의 허벅지에 착
용하여 근전도 신호 측정을 위해 EMG 신호 측정 장비(MP160, BIOPAC Systems, Inc., Goleta, CA,
USA)를 부착한다.

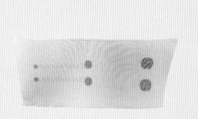
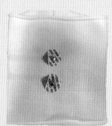

그림 **5-32** 편직이 완료된 근전도 신호 측정을 위한 전극–의복 일체형의
니트 슬리브(좌·중) 및 허벅지 착용 모습(우)

5.6 전도성 니트 특성 분석

(1) 광학현미경을 통한 전도성 니트 표면 분석 실습

직물 전극의 표면 특성은 직물의 밀도, 제작방법, 실의 꼬임, 섬유의 구성 등에 영향을 받는다. 광학현미경의 사용방법을 익히고, 본 장비를 사용하여 전도성 니트의 루프 간 간격을 통한 밀도와 편직 구성을 확인한다. 배율의 조정을 통해 루프 간 간격 및 길이를 측정하고, 전도성 원사의 접촉 밀도를 확인한다.

표 5-8 사용장비

장비명	광학현미경
모델명	Hirox RH-2000
제조사	키앤스코리아㈜, Korea
장비 이미지 및 소프트웨어	

측정순서

1. 윈도우 바탕화면에서 'Hirox RH-2000' 아이콘 을 클릭하여 소프트웨어 프로그램 시작
2. 광학현미경 본체의 전원 버튼을 눌러 실행
3. 'High-range', 'Mid-range', 'Low-range' 렌즈 중 원하는 배율에 맞는 렌즈 선택
4. 렌즈의 배율 조율

5. 샘플 배치대의 조명 ON/OFF

6. 현미경 셋팅이 완료되면 분석하고자 하는 샘플을 플레이트 상단에 배치하여 배율 조정

7. '이미지 저장' 버튼을 눌러 측정한 화면 저장

8. 화면으로 보고자 하는 샘플 표면의 위치를 화살표키로 조정

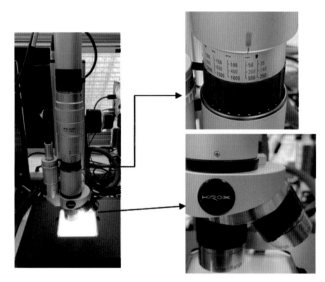

그림 **5-33** 광학현미경의 배율 조정

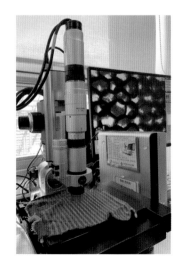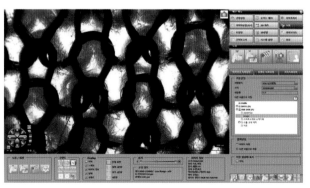

그림 **5-34** 샘플 표면 관찰

9. 니트 표면의 루프 간격 또는 두께를 측정하고자 할 때 '2D 계측' 선택

10. 측정하고자 하는 화면 위치에 마우스로 드래그를 하여 측정값 확인

11. 'CSV 저장'을 선택하여 데이터 저장

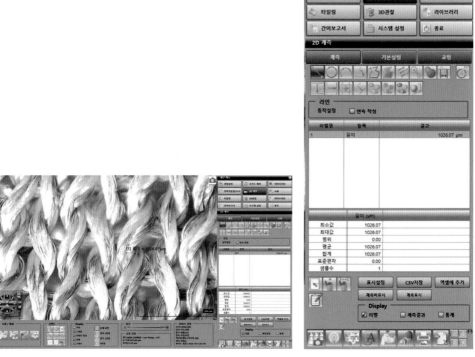

그림 **5-35** 샘플 표면 루프 간 간격 및 길이 측정

(2) 4-probe 대면적 전도도 측정기를 활용한 전도성 니트의 전기저항 측정

전극의 저항 특성은 루프의 네크워크에 따른 피에조 저항을 나타내는 전극의 표면저항을 통해 확인한다. 전도성 니트 표면의 전기적 특성 측정방법으로는 일반적으로 디지털 멀티 테스터기와 4-probe 대면적 전도도 측정기를 통한 저항과 전류 측정방법이 있다. 본 평가 실습에서는 4-probe 대면적 전도도 측정기를 사용하여 전도성 니트의 전기적 저항 특성 실험을 진행한다.

표 **5-9** 사용장비

장비명	4-probe 대면적 전도도 측정기
모델명	RSD-1G 4-probe
제조사	DASOLENG, Korea
장비이미지 및 소프트웨어	

측정순서

1. 바탕화면에 'FPPRS8' 아이콘 ▨을 클릭하여 소프트웨어를 실행

2. 4-probe 장비의 전원 ON

3. 측정하고자 하는 전도성 니트 부분을 장비의 바늘 부분에 위치시킴

4. 4-probe software에서 전도성 니트의 조건 설정

5. 4-probe software 우측 'RS Setting'에서 전도성 니트의 저항 측정 조건 설정

6. Work Shape: Rectangular, Circle 중 선택

7. Work Width, Long(mm): 측정전도원단의 가로·세로 값 기입

8. Work Dia(mm): 원형의 전도성 니트 측정 시 사용

9. 소프트웨어에서 'Measure' 선택 → 저항 측정 장비의 오른쪽 손잡이를 5초간 누른 상태로 대기

10. 전극별 15회 측정 후, 면저항 평균값 및 표준편차 확인

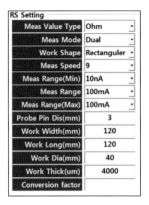

그림 5-36 Setting 설정 창과 측정방법 이미지

(3) 열화상 카메라를 활용한 전도성 니트의 발열 측정

전도성 니트는 전도사로 인해 전도의 특성뿐만 아니라 발열의 특성을 갖는다. 전도사의 종류와 인가전압, 그리고 발열패드의 크기 등 다양한 변수로 인해 발열의 특성이 달라지게 된다. 이에 따라 발열 니트 패드에 서로 다른 전압을 인가하여 발열의 특성을 파악해 보고자 한다.

표 5-10 사용장비

장비명	DC Power Supply	열화상 카메라
모델명	OPE−3020S	Fluke Thermovizorous
제조사	ODA Technologies, Korea	TELEDYNE FLIR LLC, USA
장비 이미지		

측정순서

1. 측정하고자 하는 전도성 니트를 스크린 프린팅(screen printing) 장비를 사용하여 전극 부위에 실버 페이스트(silver paste) 도포

2. 전도성 니트를 DC Power Supply에 연결된 집게로 고정

3. DC Power Supply의 전원버튼을 ON → 우측 스위치를 돌려 원하는 전압 인가

4. 기계를 통한 전압 인가 후 전류(A) 측정

5. Fluke Thermovizorous 열화상 카메라의 중앙 버튼을 눌러 발열 상태를 사진으로 저장

 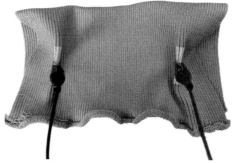

그림 **5-37** 발열 니트 패드의 스크린 프린팅(좌), 전원공급장치에 연결한 니트 발열 패드(우)

표 **5-11** 발열 니트 패드 발열 평가

인가전압(V)	소매 발열 부위	전극 발열 부위
9		
최고/최저온도(℃)	103/22.4	103/22.9
12		
최고/최저온도(℃)	153/24.2	146/22.5

CHAPTER

06

전도성 니트의 3D 디지털 제품화

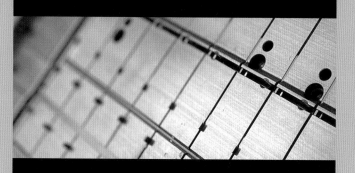

6.1 디지털 제품화 개요

STOLL CPS®(Create Plus Software)는 3D Digitization을 위해 가상착의 시스템을 구현하는 3D CLO Virtual과의 협업으로 2D의 편직물에 대해 3D 시뮬레이션이 가능하다. 본 장에서는 가상착의 시스템 개요와 3D CLO의 활용 현황을 살펴보고 STOLL CPS® 내에서 편직물 렌더링과 DXF 확장자 추출 가이드와 함께 다양한 사용방법을 설명하였다.

가상착의 시스템

가상착의 시스템은 ICT 기술의 발전으로 의류 패션 산업 분야에 도입된 시스템이다. 가상 인체 모델(아바타)을 생성하고 알고리즘에 의해 의류 패턴이 변형된다. 이는 2차원의 패턴에서 3차원 의복으로 생성된다. 3D 가상 착의(virtual clothing)는 생산속도의 향상과 소비속도에 부합하는 의류 제품 개발의 일환으로 샘플 작업의 단축, 의류 제품 개발 비용의 절감, 샘플사의 노령화에 대한 대안으로 부상 중이다. 가상착의 시스템은 내셔널브랜드(national brand), 벤더(vender), 학계 등에서 활용 중이다. 기본적으로 국내 내셔널브랜드 및 벤더는 자체 샘플실, 외주 샘플실을 운영하여 제품의 1, 2차 샘플을 제작하고 생산으로 확정할 제품군을 선별하였다. 반면 가상착의 시스템의 도입으로, 기존 샘플 제작 프로세스에서 실제 샘플을 제작하여 수정하던 과정을 3차원 가상 착의를 통해 1차 샘플링을 대체하는 중이다.

LF는 첨단기술을 의류 기획 및 제작 프로세스에 전격 도입한 그린 디자인(green design) 혁신을 3D CLO와 함께 하고 있다. 선제적으로 도입한 버추얼 시스템은 디자인·샘플링의 과정을 아바타 모델을 활용한 가상 품평회부터 제품의 완성 단계까지의 전 과정을 3D 이미지 처리 기술을 통해 구현한다. 실제 샘플을 제작하지 않고도 판매용 의류를 만들 수 있고 단추, 지퍼 같은 부자재를 적용했을 때의 모습도 3차원으로 확인하여 생산에 도입된다. 이러한 그린 디자인 혁신을 통해 리드타임 45% 감소, 환경오염 약 55% 감소의 효과를 거뒀다.

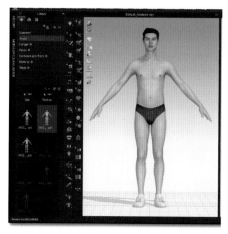

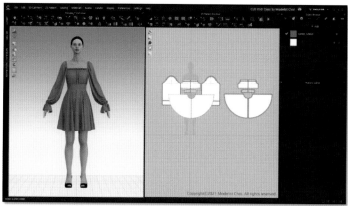

그림 6-1 3D 가상착의 시스템 구현

그림 6-2 LF의 그린 디자인 예시

(출처: http://www.fashionbiz.co.kr/TN/?cate=2&recom=2&idx=184328)

표 6-1 유사 기능을 구현하는 가상착의 시스템의 각국 개발 현황

기업	클로 버츄얼	Optitex	Tchnoa	Lectra
소프트웨어명	3D CLO	3D Runway Designer	i-Designer	3D-Fit
대표 이미지	(출처: https://abcseams.com/clo-3d-virtual-prototyping/)	(출처: https://www.fashiontrendsetter.com/v2/2015/10/25/3d-systems-project-runway-collection-of-fabricate/)	(출처: https://i-designer.com/id-fit)	(출처: https://masterperuvian.wordpress.com/2012/05/28/lectra-modaris/modaris_v7_lectra_screenshot_1-300x168/)
특징	– 직관적 패턴 디자인 – 패턴 디자인과 가상 착의 실시간 연동 – 가상 인체모델 변형 – 의복 시뮬레이션 – 3차원 패션쇼(실시간 가상 패션쇼)	– 3차원 의복 디자인 – 가상 인체모델 변형 – 의복 시뮬레이션 – 3차원 컴퓨터 그래픽스 소프트웨어와의 호환	– 가상 착의 시뮬레이션 – 가상 코디 – 얼굴 데이터 제작 – 패션소품 데이터 제작 – 인체 변형	– 패턴 디자인 – 가상 인체모델 변형 – 의복 시뮬레이션 – 3차원 의복 디자인

STOLL CPS® 개요

STOLL사의 CPS® 소프트웨어는 기존의 M1 Plus 편직 디자인 소프트웨어의 업그레이드 버전으로 성형 툴의 편리, 인터페이스의 간결성, 스티치(조직)의 시뮬레이션 강화가 특징이다. 편직물은 루프의 풀림현상으로 인해 편직 성형이 중요하며, CPS®에서는

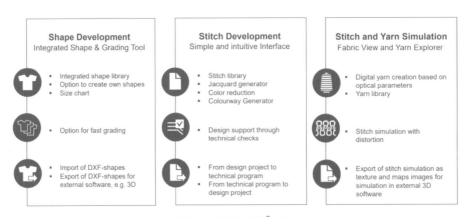

그림 6-3 STOLL CPS® 개요

(출처: 2022_k.innovation CREATE DESIGN_General Presentation)

강화된 성형툴을 소개하고, 편직물의 사이즈를 조절할 수 있는 그레이딩(grading) 테크닉과 다양한 스티치 모듈이 추가되었다.

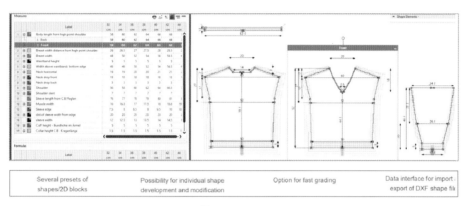

그림 **6-4** STOLL CPS® Shape development & Grading

(출처: 2022_k,innovation CREATE DESIGN_General Presentation)

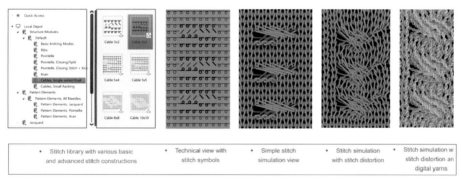

그림 **6-5** STOLL CPS® Stitch development

(출처: 2022_k,innovation CREATE DESIGN_General Presentation)

3D 시뮬레이션을 위한 데이터 추출

STOLL CPS®에서 3D 시뮬레이션을 위한 확장자는 DXF를 지원한다. DXF 파일은 성형이 완료된 의류의 패턴으로 상의, 소매, 하의, 넥 칼라로 추출이 가능하다. 스티치는 *.JPEG/*.PNG/*.U3M 확장자로 이미지를 저장해야 하며, 3D 소프트웨어에서 편직물의 특징인 루프의 굴곡, 음역의 확장, 루프 간 거리로 인한 그림자의 생성 등과 같이 3D 시뮬레이션을 강화할 수 있는 Normal Map과 Displacement Map 또한 추출 가능하다.

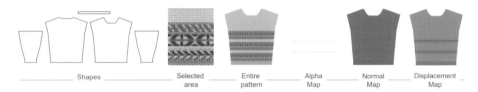

그림 **6-6** 3D 시뮬레이션을 위한 데이터 추출 가이드

(출처: 2022_k.innovation CREATE DESIGN_General Presentation)

6.2 DXF 확장자로 편직 디자인 설계

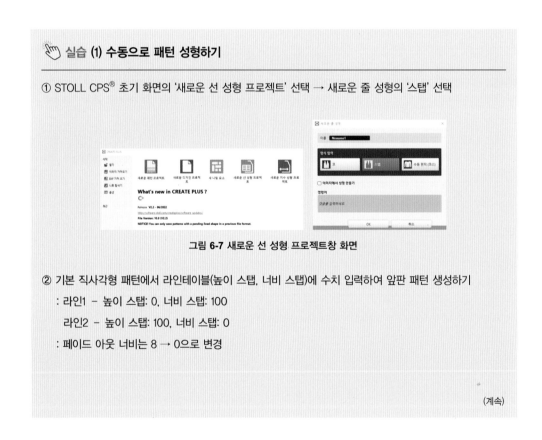

👆 **실습 (1) 수동으로 패턴 성형하기**

① STOLL CPS® 초기 화면의 '새로운 선 성형 프로젝트' 선택 → 새로운 줄 성형의 '스탭' 선택

그림 **6-7** 새로운 선 성형 프로젝트창 화면

② 기본 직사각형 패턴에서 라인테이블(높이 스탭, 너비 스탭)에 수치 입력하여 앞판 패턴 생성하기

   : 라인1 – 높이 스탭: 0, 너비 스탭: 100

    라인2 – 높이 스탭: 100, 너비 스탭: 0

   : 페이드 아웃 너비는 8 → 0으로 변경

(계속)

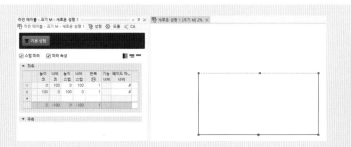

그림 6-8 라인테이블창

③ 라인테이블의 수치 변경(라인1 – 높이 스탭: 0, 너비 스탭: 80/라인2 – 높이 스탭: 80, 너비 스탭: 0)
→ 소매의 네로잉을 위해 수치 설정(라인3 – 높이코: 30, 너비 코: –16)

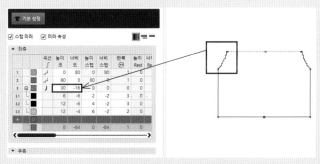

그림 6-9 앞판 패턴 네로잉 설정창

④ 라인테이블에서 어깨선(마지막 라인) 선택 후, 우측의 기능에서 '네로잉' 선택 → 사용 가능 모듈의 '코줄임, 분할 트랜스퍼' 선택

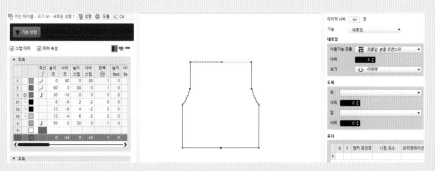

그림 6-10 앞판 패턴 네로잉 및 코줄임 설정

(계속)

⑤ 라인테이블의 기본성형 툴에서 마우스 오른쪽 클릭 → 새 성형 요소 추가 → 넥 라인 → 대칭적으로 선택 → 넥 라인의 스탭 종류 중, '안쪽으로 기울임' 설정(수치 입력) → 패턴 프로젝트 생성 선택

그림 6-11 새 성형 요소 추가 창

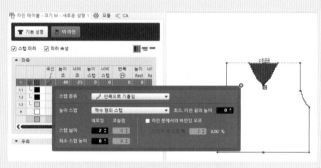

그림 6-12 넥 라인의 스탭 종류 설정창

실습 (2) 자동으로 패턴 생성하기

① STOLL CPS®의 초기 화면 '새로운 치수 성형 프로젝트' 선택 → 기본적인 상의 패턴 도출(어깨 고어가 있는 셋–인 슬리브) → 패턴 구성 확인(앞판, 뒷판, 소매, 칼라)

새로운 패턴 프로젝트　　새로운 디자인 프로젝트　　새 니팅 요소　　새로운 선 성형 프로젝트　　새로운 치수 성형 프로젝트

그림 6-13 새로운 치수 성형 프로젝트 화면

(계속)

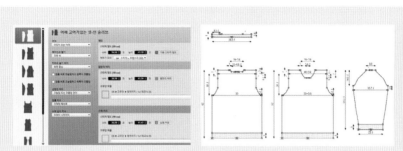

그림 6-14 새로운 치수 성형 프로젝트 화면

② 성형 모듈 항목에서 패턴의 앞, 뒤, 소매 패턴을 확인 → 'DXF 파일 내보내기' 선택 → 내보낼 성형 선택 (모든 성형 – 셀비지, 칼라, 앞, 뒤)

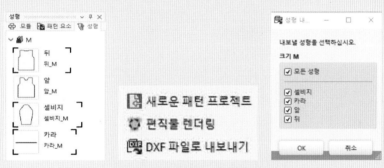

그림 6-15 성형 모듈창 및 DXF 파일 내보내기

③ 디자인 프로젝트 생성 선택 → 게이지: 10으로 설정 → 생성 클릭

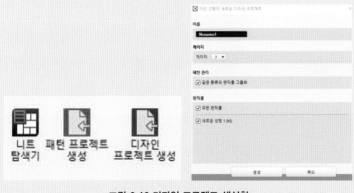

그림 6-16 디자인 프로젝트 생성창

• 우측 상단 리본의 '편직물 렌더링'을 실시하여 원단 이미지 PNG 파일 만들기 → 이미지 포맷: 'PNG/노
  말맵' 선택 후, OK 클릭 → 우측 상단 리본의 'DXF 파일로 내보내기' 선택 → '모든 성형' 선택

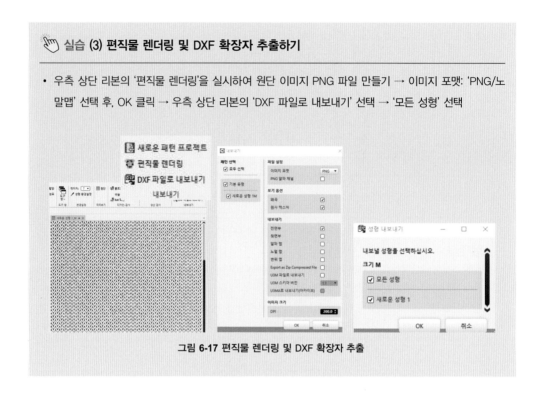

그림 6-17 편직물 렌더링 및 DXF 확장자 추출

6.3   3D CLO 사용 매뉴얼

(1) 시스템 구성

3D CLO 시작화면의 작업창은 좌측의 3D 창과 우측의 2D 창으로 구성한다. 3D 창
에는 아바타가 2D 창에서 생성된 패턴을 시뮬레이션하여 의복에 착용한다. 우측에
는 속성과 물체창이 위치하고, 메뉴 아이콘은 작업창의 상단에 위치한다.

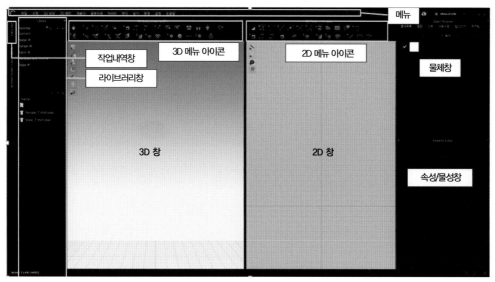

그림 **6-18** 3D CLO 시작화면 구성

(2) 마우스와 키보드 사용설명

3D CLO의 모든 설정은 마우스와 키보드 사용을 통해 가능하며, 대표적인 사용설명을 표 6-2에 나타내었다.

표 **6-2** 마우스와 키보드 사용설명

영역	왼쪽 버튼	휠	오른쪽 버튼	키보드
2D 창	– 메뉴 선택 – 요소(점, 선, 패턴) 선택 – 메뉴 기능 실행	– 마우스 위치상의 화면 확대 및 축소 – 휠을 클릭한 상태 로 마우스 이동 시 화면 이동	– 메뉴 POP UP 창	– 3D 모델 회전 방 향키
3D 창	– 패턴 선택 및 이동 – 3D 시뮬레이션 편집		– 3D 모델 회전	

(3) 3D 창에서의 원단 및 패턴 시뮬레이션

3D 창에서 원단면의 표면과 이면 구분은 원단의 그림자 유무로 확인할 수 있다. 그림 6-19의 왼쪽에서 나타내듯이 원단의 겉면은 밝은 회색, 원단의 속면은 어두운 회색으로 구분한다. 2D 평면 상의 앞/뒤 패턴을 3D 창에서 시뮬레이션한 결과를 나타냈다.

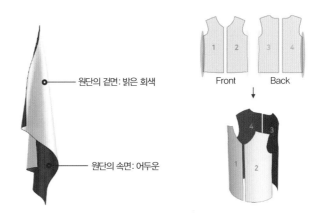

그림 6-19 3D 창에서의 원단 표면/이면 구분과 평면 패턴의 시뮬레이션

(4) 3D 아바타 설정하기

아바타는 여성, 남성, 아동 옵션으로 선택 가능하다.

- 파일 → 열기 → 아바타에서 불러오기 혹은 라이브러리 창을 통해 아바타를 설정

그림 6-20 아바타 설정하기 창

- 아바타를 3D 작업창에 생성하기 → 아바타 신체 사이즈 설정을 위해 아바타 편집 창 선택 → 키(height), 폭(width), 목 둘레, 어깨 너비, 엉덩이 둘레, 다리 길이, 팔 길이 등 세부 신체 치수를 조정 가능

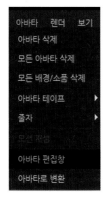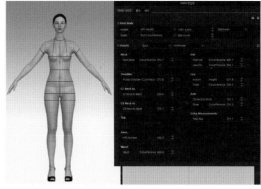

그림 **6-21** 아바타 신체 사이즈 설정창

6.4   DXF 파일을 3D CLO로 디지털화

(1) 반 패턴 골뜨기

STOLL CPS®에서 제작한 편직패턴을 불러오면 3D CLO 작업창에는 모든 패턴이 반 패턴으로 나타난다. 반 패턴으로는 봉제를 하지 못하기 때문에 골뜨기 과정을 통해 반 패턴을 복제하여 하나의 완성된 패턴으로 생성하는 과정이 필요하다.

골뜨기 순서

1. DXF 파일을 2D 화면으로 드래그 앤 드롭
2. DXF 불러오기 창의 기본 옵션으로 선택
3. 2D 창에 앞/뒤/소매/칼라의 반 패턴 생성

4. 2D 창에서 Ctrl + A(전체패턴 선택) 후 패턴을 인물 위치로 이동

5. 2D 화면 오른쪽 컨텍스트 메뉴의 '점선툴' 선택

6. 앞판의 골 복제할 선분 선택 후 마우스 오른쪽 클릭

7. '대칭 수정으로 골펴기(패턴과 재봉선)' 선택 후 하나의 골로 패턴 뜨기

8. 뒤 패턴과 슬리브도 동일하게 골뜨기 진행

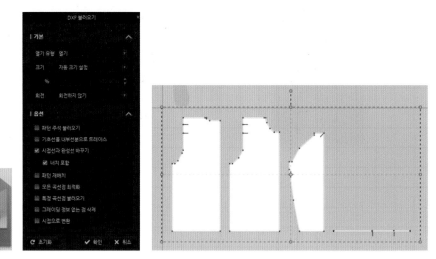

그림 **6-22** DXF 파일 불러오기 창

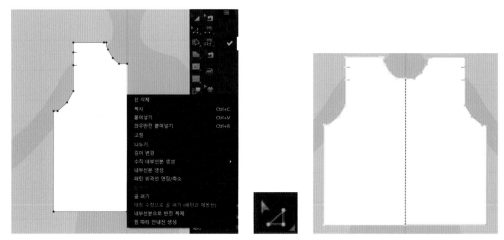

그림 **6-23** 점/선 툴로 패턴 골뜨기

(2) 슬리브 동일 패턴 복제

슬리브 패턴은 양팔에 봉제를 해야하기 때문에 2개의 패턴이 필요하다. 이를 위해 골
뜨기를 완료한 슬리브 패턴을 동일 패턴 복제를 통해 총 2개를 생성한다.

- 슬리브 패턴 선택 → 마이스 오른쪽 '대칭으로(패턴과 재봉선)' 선택 → 동일한 패
  턴 복제

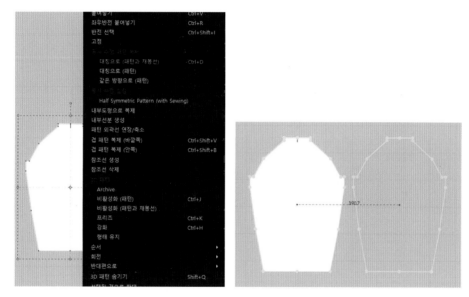

그림 **6-24** 슬리브 동일 패턴 복제창

(3) 배치포인트

2D 창에서 생성한 패턴을 배치포인트를 사용하여 3D 아바타에 입히는 과정으로 배
치포인트의 사용은 필수적이다. 아바타 신체에 생성된 파란 점에 패턴을 위치하게 되
면 투명패턴이 미리보기를 지원한다.

배치포인트 작업순서

1. 3D 창의 '2D 패턴창 상태로 재배치' 툴 선택 → 2D 패턴을 위치시킨 후 패턴 Ctrl
   + A(전체선택)하여 아바타 신체의 상단에 위치

2. 2D 왼쪽 화면창의 '아바타 보기' → '배치포인트 보기' 클릭하여 아바타에 파란 점 생성

3. 앞 패턴을 클릭하여 패턴 그림자를 보며 적절한 배치포인트 위치에 클릭

4. 앞/뒤/소매 패턴을 배치포인트에 위치시키기(기즈모 사용/2, 8, 4, 6번 사용하여 앞, 뒤, 양옆 확인하며 배치포인트에 위치)

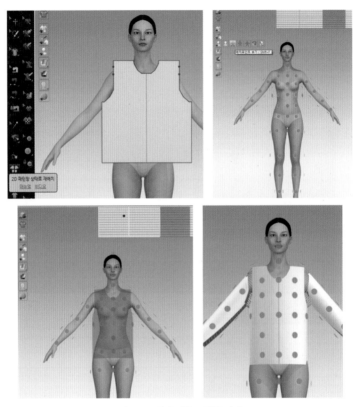

그림 **6-25** 배치포인트 생성 가이드

(4) 봉제

1. 오른쪽 툴바 '선분 재봉' 아이콘 선택 → 앞 패턴과 뒤 패턴의 연결 부위 봉제(왼쪽 패턴의 오른쪽 라인 클릭 후 오른쪽 패턴의 왼쪽 라인 클릭)

2. 자동적으로 반대편 옆라인도 봉제됨

3. 앞 패턴과 뒤 패턴의 어깨선 봉제

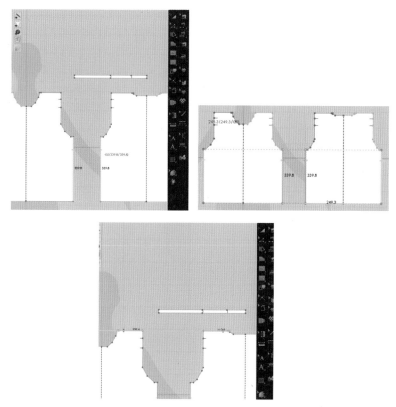

그림 **6-26** 앞/뒤 패턴 봉제(좌), 자동 앞/뒤 패턴 봉제(우), 어깨선 봉제(하)

(5) 소매와 앞/뒤 패턴 봉제하기

1. 오른쪽 툴바 'M:N 자유 재봉' ▨ 아이콘 선택 → 소매와 앞/뒤 패턴 연결

2. 오른쪽 소매의 오른쪽 끝지점부터 왼쪽 끝지점까지 M:N 자유 재봉으로 드래그 → 끝지점에서 클릭 → Enter

3. 앞 패턴의 오른쪽 소매 겨드랑이 지점부터 어깨선까지(화살표 방향으로) 드래그 → 클릭(Enter 누르지 말기)

4. 뒤 패턴의 오른쪽 소매 어깨선부터 겨드랑이 지점까지(화살표 방향으로) 드래그 → 클릭 → Enter

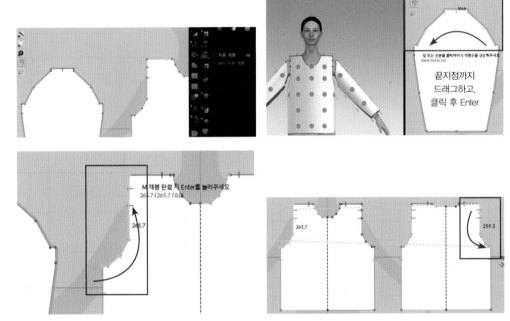

그림 **6-27** 소매와 앞/뒤 패턴 봉제 가이드

(6) 소매 봉제하기

1. 소매 '자유 재봉' 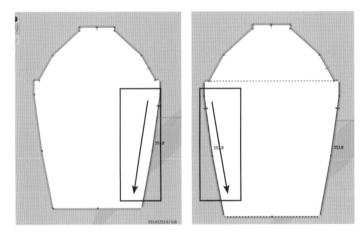 아이콘 툴로 봉재

2. 소매의 오른쪽 라인 위에서 아래로 드래그 → 클릭

3. 소매의 왼쪽 라인 위에서 아래로 드래그 → 클릭

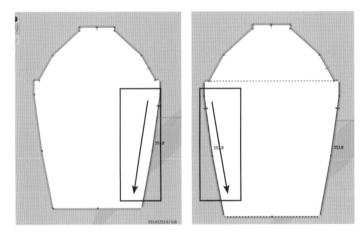

그림 **6-28** 소매 봉제 가이드

(7) 시뮬레이션하기

봉제가 완료된 패턴은 시뮬레이션을 통해 아바타 신체에 입혀진다. 아바타의 동작을
설정하여 의복의 드레이프성과 의복압 및 치수 안정성을 확인할 수 있다.

1. 왼쪽 상단 툴의 시뮬레이션 ⬇ 아이콘 선택
2. 봉제된 패턴 상태 확인

그림 **6-29** 시뮬레이션 확인

(8) 직물 패턴(PNG, 노말맵) 삽입하기

노말맵 및 디스플레이스먼트맵을 적용한 직물 패턴은 3D 창에서는 구현되지 않고 렌
더링의 과정을 통해서만 확인이 가능하다.

1. PNG 파일을 CLO 물체창 'Default fabric'에 드래그 앤 드롭
2. 2D, 3D 창에 직물 적용 확인
3. 텍스처 수정 툴 🖼️로 직물의 루프 크기 및 식사방향 변경
4. 'Default Fabric'을 선택 → 속성창의 '재질' → '노말맵' STOLL CPS®에서 저장한
   노말맵 파일을 활성화 → 텍스처 종류(Fur)로 지정하여 렌더에서 확인

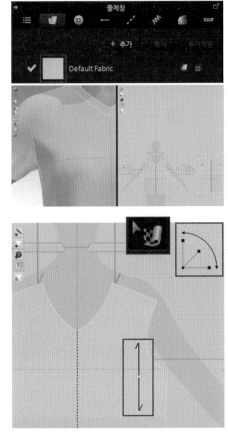

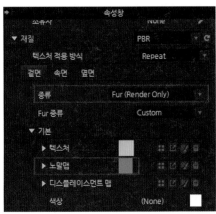

그림 **6-30** 직물 패턴 적용 가이드

참고문헌

논문

- Fan, W., He, Q., Meng, K., Tan X., Zhou, Z., Zhang, G., Yang, J., & Wang, Z.L.,(2020). Machine-knitted washable sensor array textile for precise epidermal physiological signal monitoring. SCIENCE ADVAMCES, 6(11), DOI: 10.1126/sciadv.aay2840

- Jost, K., Dion, G., & Gogotsi, Y.(2014). Textile energy storage in perspective. Journal of Materials Chemistry A,2(28), pp. 10776-10787

- Kim, H., Rho, S., Han, S., Lim, D., & Jeong, W.(2022). Fabrication of textile-based dry electrode and analysis of its surface EMG signal for applying smart wear, polymers, 14(17), 3641; https://doi.org/10.3390/polym14173641

- Kim, S., Lee, S., & Jeong, W.(2020). EMG measurement with textile-based electrodes in different electrode sizes and clothing pressures for smart clothing design optimization.Polymers,12(10), 2406

- R, J. V., Thakur, R., Jana, P.(2022). Development of Smart Kneecap with Electrical Stimulation, Engineering proceedings, 15(3), 3; https://doi.org/10.3390/engproc2022015003

- 강민규, 김성동(2020). 칩-섬유 배선을 위한 본딩 기술, 마이크로전자 및 패키징학회지, 27(4), pp. 1-10

- 기희숙(2015). 니트 자카드 조직의 특성에 관한 연구, 한국의상디자인학회지, 17(4), pp. 77-90

- 김수근(2019). 4차 산업혁명과 안전보건, 플랫폼 노동과 산업보건, 377, pp. 16-32

- 김영환, 손재기, 황태호, 김동순(2013). 스마트 섬유기반의 의류시스템 개발 동향, 한국정보과학지, 31(1), pp. 78-87

- 노정심(2016). 웨어러블 텍스타일 스트레인 센서 리뷰, 한국의류산업학회지, 18(6), pp. 733-745

- 박성규, 김원근(2013). 전자섬유 소개 및 기술 개발 동향, 고분자 과학과 기술, 24(1), pp. 38-44

- 예수정, 송화순(2011). 니트의 편성조직에 따른 물성 평가, 한국의류산업학회지, 13(6), pp. 990-995

- 윤혜준(2012). 니트 의류제품의 생산방식과 봉제, 한국의류학회, 9(0), pp. 23-33

- 이슬아, 최영진(2018). 의수 제어용 동작 인식을 위한 웨어러블 밴드 센서, Journal of Korea Robotics Society, 13(4), pp. 265-271

- 이슬아, 최유나, 차광열, 성민창, 배지현, 최영진(2020). 손가락 동작 분류를 위한 니트 데이터 글러브 시스템, Journal of Korea Robotics Society, 15(3), pp. 240-247

- 이인숙, 조규화, 김지영(2013). 홀가먼트의 생산 공정과 니트웨어 개발 사례, 한국패션비즈니스학회, 17(1), pp. 17-1

- 이재홍(2020). 웨어러블 전자 섬유 적용을 위한 전도성 유연 섬유 전극의 제작, 고분자과학과 기술, 31(4), pp. 274-277

- 장은지, 조길수(2018). PU 나노웹 기반 전기전도성 텍스타일의 개발 및 스마트의류용 신호전달선으로의 적용 가능성 탐색, 한국의류산업학회지, 20(1), pp. 101-107
- 조광년, 정재석(2013). IT융합 섬유제품을 위한 전도성 섬유의 개발 동향, 정보과학회지, 31(1), pp. 88-96
- 최경희, 이순홍(2006). 현대 니트 패션의 디자인 개발 방향, 패션정보와 기술, 3, pp. 48-54
- 한소라, 김혜림, 임대영, 정원영(2022). 표면근전도 모니터링을 위한 슬리브 일체형 니트 전극 개발, 한국섬유공학회지, 59(6), pp. 337-345

도서

- 임대영, 이수현, 노수현(2022). 테크니컬 자수기를 활용한 전자섬유 제품, 교문사
- 송화순, 김인영, 김혜림, 이소희(2022). 텍스타일 5판, 교문사
- Subhankar Maity, Sohel Rana, Pintu Pandit, Kunal Singha(2021), Advanced Knitting Technology. Elsevier Ltd.

홈페이지

- https://www.grandviewresearch.com/industry-analysis/smart-textiles-industry
- https://www.dongascience.com/news.php?idx=44668
- https://www.innovationintextiles.com/smartx-project-for-footfalls-heartbeats/
- https://www.siren.care/
- https://www.smartx-europe.eu/kc-works/kitt-wearable-motion-tracker/
- https://www.knittingindustry.com/stoll-presents-awardwinning-innovation-at-techtextil
- https://www.stoll.com/en/
- https://www.shimaseiki.com/
- https://www.xdknitmachinery.com/

찾아보기